热引发法制备
枫木单板塑合木及应用

刘明利　李春风　著

科学出版社

北 京

内 容 简 介

本书介绍了塑合木相关国内外最新技术研究进展；在保留枫木的天然优良性能的前提下，重点研究了热引发单体聚合法制备枫木单板塑合木的浸注液配方及工艺；探究了枫木单板塑合木聚合物与木材的结合机理；讨论了枫木单板塑合木的热机械性能和燃烧性能；解决了塑合木制备中单体挥发及成本高等问题，开发出单板塑合木强化实木复合地板和单板塑合木/木塑复合材复合地板产品，为木材高效、高附加值利用提供了技术支撑。

本书可供高等院校和科研院所的木材科学与工程专业的师生使用，也可供工程技术、科学研究、企业生产与管理等方面的人员参考学习。

图书在版编目（CIP）数据

热引发法制备枫木单板塑合木及应用 / 刘明利，李春风著. —北京：科学出版社，2022.6

ISBN 978-7-03-072155-6

Ⅰ. ①热… Ⅱ. ①刘… ②李… Ⅲ. ①槭树科-复合材料-木质地板-木材加工-研究 Ⅳ. ①TS653.2

中国版本图书馆 CIP 数据核字（2022）第 070792 号

责任编辑：贾 超 / 责任校对：杜子昂
责任印制：吴兆东 / 封面设计：东方人华

科 学 出 版 社 出版
北京东黄城根北街 16 号
邮政编码：100717
http://www.sciencep.com

北京中科印刷有限公司 印刷
科学出版社发行 各地新华书店经销

＊

2022 年 6 月第 一 版 开本：720×1000 1/16
2022 年 6 月第一次印刷 印张：10 3/4
字数：200 000
定价：98.00 元
（如有印装质量问题，我社负责调换）

目　　录

第1章 绪 论

1.1 引 言

木材是人们生产生活中重要的可再生绿色资源，它具有质量轻、强度高、弹性好、纹理美、环保、隔热、隔音、易于加工、加工能耗低、可回收再利用等特点，被广泛应用在轻工、建筑、交通、农业、水利等诸多领域，在国民生产经济建设中发挥着重要的作用。石油基材料对环境的消极影响及其面临着资源紧张的压力；生物质材料已经成为重要的材料，使其在可持续发展的环境中起到十分重要的作用(Weiss et al.，2012；Rai et al.，2011；Miyagawa et al.，2007；Petersen et al.，2001)。然而，木材虽是一种可再生的材料资源，却因我

木材工业在起步阶段主要是通过直接利用天然的木材资源、简单的生产技术和设备、廉价的劳动力建立起来的，因此随着木材工业的迅速发展和部分地区对森林资源未合理开采而造成的资源浪费，原有的优质木材资源几乎消耗殆尽。2021 年我国木材进口总量约为 9650 万 m^3。近年来，随着人们环境保护意识的不断增强，保护森林资源的呼声越来越高，于是充分利用森林资源、大力发展木材加工新技术、提高木材综合利用率和充分利用人工速生林木材就成了当今木材加工业中首先要解决的问题，这也给能高效利用木材和节约木材资源的加工产业带来了机遇。

木材是具有各向异性结构且包含两种主要成分聚合物(碳水化合物和芳香化合物)的复合材料。除此之外，木材还含有有机抽提物和无机矿物质。木材是主要由纤维素、半纤维素和木质素三种聚合物构成的多孔性复杂有机复合体。木材三种主要成分中，纤维素是由 D-吡喃型葡萄糖单元相互连接而成的线型高聚物，以微纤丝形式存在(Krässig，1993)。葡萄糖链以氢键结合能够高度定向排列形成结晶结构，直径约为 5～10nm，对纤维的力学性能有重要作用(Nishiyama et al.，2002)。微纤丝在不同壁层排列和取向不同，直径一般为10～30nm，微纤丝之间存在着大约 10nm 孔隙，主要被半纤维素和木质素所占据。微纤丝在细胞壁内聚集，会形成更大的结构单元纤丝，纤丝再聚集形成粗

纤丝，最终形成细胞壁壁层(刘一星和赵广杰，2012)。细胞壁内 S1、S2、S3 层厚度、所占细胞壁厚度比例和微纤丝角各不相同。其中 S2 层所占比例最高，具有较小的微纤丝角，这直接决定着木材细胞壁的力学性能。木材细胞壁内各层厚度、所占比例及微纤丝角(刘一星和赵广杰，2012；Abe and Funada，2005)，见表 1-1。另外，占细胞壁主要部分的 S2 层微纤丝排列方向几乎与木材长轴方向平行，导致木材在力学性能、干缩湿胀等方面具有各向异性。研究表明，微纤丝角与木材的物理力学性能和干缩湿胀性能有着直接的关系。随着微纤丝角的增大，细胞壁 S2 层的弹性模量变小，而硬度的变化没有明显规律(费本华等，2010；Gindl et al.，2004)。其特点是在通常的加工和使用条件下不溶解、不熔融，因而加工方法不同于合成高分子；分子中含有大量的易吸湿的羟基基团，因而未经处理的木材吸湿性强、尺寸稳定性差。并且，作为一种单一材料，木材存在着绝对强度低、刚性差、易腐蚀、易燃烧、易开裂等明显的不足；作为地板、装饰材料使用，易划伤、磨损等问题使其应用场合受到限制(種田健造等，1979)。

表 1-1　木材细胞壁内各层厚度、所占比例及微纤丝角

壁层	厚度/μm	所占比例/%	微纤丝角/(°)
S1	0.1~0.2	10~22	50~70
S2	1~5	70~90	10~30
S3	0.03~0.3	2~8	60~90

木材作为宝贵的可再生资源，如何在保持其固有的特性前提下，克服自身的缺点、改善其性能，提高利用率，扩大木材的使用范围和延长使用寿命，一直是材料科学与技术工作者探索的目标。

木材改性意义重大(张双宝和杨晓军，2001)。木材改性是指利用物理、化学或机械等方法对木材进行工艺性处理(鲍甫成和吕建雄，1992；Rowell et al.，1979)，使木材的密度、硬度、强度、尺寸稳定性、防腐性、阻燃性等物理力学性能得到良好改善。在木材中注入烯类单体或低聚物、预聚物后，利用加热或射线照射等手段提供能量，引发其在木材内聚合固着，制得的材料称为木材-聚合物复合材料(wood polymer composites)，简称木塑复合材，俗称塑合木(王清文等，2007；李坚等，2002)。结合木材和聚合物的特性，开发了一种有效的方法来改善木材的性能，在过去几十年受到了广泛关注(Bütün et al.,

2019)。化学改性主要是改性剂与纤维素分子链上的羟基进行反应,从而减少羟基的数量,降低木材与水分的相互作用。研究表明,纤维素分子链内一部分羟基会以氢键的形式结合在一起,改性剂很难进入,而另一部分则暴露在微纤丝表面,主要与半纤维素相结合,能够与改性剂发生物理化学作用(Hill, 2006)。

塑合木不仅保留了木材的天然优良性能,如易加工、有一定的力学性能等,而且改善了其缺点,使产品具有低吸水率、高尺寸稳定性、强耐腐蚀性、高机械强度和良好的阻燃性,被广泛地用于高档家具、拼花地板、家具楼梯踏板、铁道枕木、工艺品等产品的制造,成为了一种优良的新型复合材料。

1.2　枫 木 木 材

枫木(Maple,*Acer* spp.),又名槭木,槭树科槭属木材。在全世界有 150 多个品种,分布极广,北美洲、欧洲、非洲北部、亚洲东部与中部均有出产。枫木按照硬度分为两大类,一类是硬枫,亦称为白枫、黑槭;另一类是软枫,亦称红枫、银槭等。软枫的强度要比硬枫低 25%左右。因此在使用及价格上硬枫要远优于软枫。

枫木木材结构细而均匀,生长轮明显,轮界有深色细线。散孔材,管孔小,肉眼下不明显。心边材区别不明显,材色乳白色至红褐色,软枫灰白色至灰褐色。气干密度硬枫约为 $0.63\sim0.68\text{g/cm}^3$,软枫约为 $0.51\sim0.57\text{g/cm}^3$。硬枫强度高、抗冲击韧性好,车旋、锯刨、钻孔等加工性能优良,胶黏、油漆性好,握钉力高。

1.3　塑合木国内外研究现状

以实木改性为目的的塑合木研究始于 20 世纪 60 年代。传统塑合木的制造是将不饱和烯类单体或低聚物、预聚物注入木材中,经引发聚合使其固着并充满木材孔隙,从而提高木材的性能。据美国原子能委员会的技术报告,当时是将各种塑料单体采用常压浸注的方式进入木材细胞腔,然后用γ射线引发单体聚合,使塑料单体在木材细胞腔内聚合形成高分子材料。此项技术在 70 年代被称为世界十大科技成就之一,以其优良的性能和广泛的适用性而受世人瞩目,一直为国外研究的热门课题。作为一种新型的复合材料,塑合木在美国、澳大利亚、俄罗斯、日本、法国等国家形成工业化生产。80 年代以来，随着生物多样性条约的签订及可持续发展战略的提出，为了保护全球生态环境，减少对热带雨林树木的砍伐，致使世界高质量天然林木材的供应量大幅度减少。在此种情况下，对低质速生丰产人工林木材通过改性来提高其力学性能的塑合木制备技术引起了人们广泛关注(高黎等，2005)。

1.3.1　塑合木制备用浸注液

塑合木的物理力学性能受木材和聚合物的亲和性、界面状态、制造时产生的内部应力等因素的影响。为使改性液真正发挥作用，木材细胞壁的渗透尤为关键。木材结构的多尺寸性和各向异性对改性液的渗透具有重要影响。①改性液在细胞壁与细胞腔构成的木材孔隙结构内渗透，主要是通过相互贯通的细胞腔、细胞间隙和纹孔进行(Chen，2014；李永峰，2011)；②改性液在木材细胞壁内的渗透与改性液的极性、粒径大小、分子量和浓度等因素密切相关。在木材细胞壁的结构中，不仅有数量众多的纳米级孔隙分布于非结晶区，还有微米级的纹孔贯通于壁层之间，使得木材细胞壁的渗透具有多种形式。微纤丝之间填充有半纤维素和木质素，但由于填充不完全，微纤丝之间存在许多纳米级的孔隙。当木材细胞壁充分润胀时，这些孔隙能够打开，为其他化学物质的进入提供了可能(Hill，2006)。细胞壁的渗透过程伴随着润胀现象，对木材润胀效果好的改性液更容易进入到木材细胞壁内部。因此，提高木材细胞壁的润胀性能有效促进改性液对细胞壁的渗透。只有改性液进入木材细胞壁内，才会引起木材整体尺寸的变化，而木材细胞壁成分的亲水性决定了不同改性液对木材的润胀程度。由于水分对木材优良的润胀性，大部分研究是利用水作为介质将改性液引入到木材细胞壁内；甲基丙烯酸甲酯(MMA)疏水性较强，很难进入细胞壁，表现出极低的润胀度。为了解决类似的问题，Ermeydan 等(2014)用对甲苯磺酸与木材成分反应，降低木材亲水性，从而促进疏水性的苯乙烯进入木材细胞壁并发生聚合反应。因此，可从两方面着手提高木材改性的功效，一方面是增加木材孔隙，提高木材的渗透性，促进改性液在木材细胞壁内的渗透与扩散；另一方面是改善木材细胞壁与改性液的相容性，促进改性液对木材细胞壁的润胀，从而改善浸注效果。塑合木的物理力学性能在宏观上主要依赖于木材(Lawniczak，1994)及其内部注入的聚合物固有性能和聚合物的填充量(川上英夫，1979)；在微观上取决于木材内部聚合物的分布状态以及木材细胞壁与聚合物之间的相互作用。可见，无论宏观还是微观，聚合物作用显著。所以，对塑合木改性液的研究一直是热点。

各种单体、低聚物或聚合物已被使用，如乙烯基单体(Mattos et al.，2015；Li et al.，2013)、ε-己内酯(Ermeydan et al.，2019)、聚乙二醇(Dong et al.，2016b)和甲醛基树脂(Hosseinpourpia and Mai，2016；Gindl et al.，2003)。这些浸注木制品显示增加了密度、强度、尺寸稳定性和耐久性。然而，这些类型的改怀材料遇到的主要问题是亲水性木材和疏水性聚合物之间的界面附着力相当差(Ermeydan et al.，2014)。这可能导致浸注木材中的微相分离。因此，水仍然会作用于木制品的细胞壁，导致木制品在使用寿命期间的改性效果不理想，耐久性较低。此外，需要单体有效地渗透到细胞壁以提高尺寸稳定性，而不是简单地填充细胞腔(He et al.，2016；Wang et al.，2016；Hill，2006)。为了克服这种兼容性，共聚可能是一种有效的途径，通过自由基诱导的黏附促进剂将短链分子或聚合物接枝到木材细胞壁上(Dong et al.，2016b；Keplinger et al.，2015；Cabane et al.，2014)。通过这种方法可以改善木材组分与聚合物之间的界面相互作用，从而显著提高浸注木材的尺寸稳定性。此外，通过将聚合物渗入细胞壁，还可以提高其力学性能(Ermeydan et al.，2014)。

1.3.1.1 常用单体

制备塑合木常使用的树脂有：甲基丙烯酸甲酯、甲基丙烯酸缩水甘油酯等丙烯类单体；苯乙烯、乙酸乙烯、丙烯腈等乙烯类单体；不饱和聚酯以及丙烯类低聚物。这些单体聚合物可单独或混合使用。另外，还有马来酸酐、异氰酸酯和硅烷偶联剂等功能性单体；甲醇、丙酮、聚乙二醇等溶胀剂；三羟甲基丙烷三丙烯酸酯、三乙烯基二异氰酸酯、三羟甲基丙烷三甲基丙烯酸酯、乙二醇二甲基丙烯酸酯、丙三醇二甲基丙烯酸酯、四甘醇二甲基丙烯酸酯、聚乙烯二醇二甲基丙烯酸酯和二乙烯基苯等交联改性剂。一般来说，交联剂的加入增加了塑合木的反应速率，并改善了塑合木的物理性能(Kenaga，1970)。热引发聚合，需要加入偶氮二异丁腈、过氧化二苯甲酰等引发剂。

1) 丙烯酸酯类单体

制备塑合木材料最常用的单体是甲基丙烯酸甲酯(Denise，2004)。这主要是因为：甲基丙烯酸甲酯价廉，固化后聚合物透明无色，可单独使用也可与其他单体混合使用。但是甲基丙烯酸甲酯也有缺点，就是其沸点(101℃)低，导致单体在固化期间的损失很大，并且其必须在惰性气体下或者至少在无氧条件下聚合。聚合后聚甲基丙烯酸甲酯体积收缩很大(约 21%)，导致聚合物和木材细胞壁之间在界面上存在孔隙。添加交联剂会增加聚合物的收缩，例如双丙烯酸酯和三丙烯酸酯，这将导致聚合物和木材细胞壁之间的孔隙空间变得更大(Kawakami，1981)。

甲基丙烯酸甲酯制备的塑合木的硬度与素材相比变化较明显，并且与素材的密度、可扩散的孔隙(大小、多少)和聚合增重率有较明显的联系(周虹，2001)。甲基丙烯酸甲酯处理热带材的抗压和抗弯强度明显得到改善(Boey，1985)。使用γ射线辐射方法，制造一些热带木材-聚甲基丙烯酸甲酯和木材-聚醋酸乙烯酯复合材料，表现出在轴向压缩强度的明显改善(Boey，1987)。聚合物含量(以干木材为基准)在 63%左右的试样，显示出压缩强度、韧性、径向硬度、平行纹理方向的压缩强度和弦向强度均提高(Bull，1984)。甲基丙烯酸甲酯处理材的硬度与素材(未处理材)的硬度有关。经甲基丙烯酸甲酯单体处理后的杨木的硬度和机械性能得到改善，产品的硬度随着浸注压力和单体的分子量的增加而升高(Ellis，1994)。

使用其他的丙烯酸单体制备塑合木的研究也很多(Ellis，1999)。根据聚合前不同温度、浸注不同时间试样体积的膨胀率，聚合后试样体积的变化和聚合物含量，聚合后试样在不同相对湿度条件下放置不同时间体积的膨胀率，将单体分为两类：一类为分子量小，与木材细胞壁上的羟基形成氢键能力强，可充胀、穿透细胞壁；另一类为分子量大，与木材细胞壁上的羟基形成氢键能力弱，不能充胀、穿透细胞壁。一般来说，第一类单体都有较高的聚合物含量，且聚合后体积变化很小或基本不变。在第二类单体中又因易于挥发的甲基丙烯酸甲酯的聚合物含量最低，聚合后体积收缩明显。而第一类单体中只有甲基丙烯酸脱水甘油酯的处理材在相对湿度 90%条件下放置 7 天后，含水率低于对照。这是由于甲基丙烯酸脱水甘油酯在本身聚合的同时，与木材细胞壁上的羟基发生接枝，改进了聚合物在胞壁内的附着能力，所以在高湿度环境下尺寸稳定性提高，含水率最小(Rozman，1994)。水蒸气和液态水的吸收率放慢，并且膨胀率比未经改性处理的样本更低，但是尺寸稳定性并不是不变的。塑合木比未经改性的木材硬度提高显著，水润湿和渗透性能降低明显。

2) 乙烯类单体

乙烯类单体树脂液也是制备塑合木常用一大类单体。乙烯类单体渗透进入木材组织后，需引发为自由基，才能在木材内部发生加聚反应，生成高分子化合物(Baki，1993)。乙烯类单体中苯乙烯是制造塑合木普遍使用的单体。一般使用苯乙烯制备塑合木时，加入其他单体来控制聚合率和聚合度，并与苯乙烯交联，改善塑合木的物理性质。用聚苯乙烯改性制备塑合木，木材的耐磨性、抗弯强度、韧性、硬度和密度均得到增加，并且浸注的单体量影响性能的改善效果(王逢瑚，2005)。用聚苯乙烯对木材改性，还提高了与金属复合材料的抗降解性(Helinska-Raczkowska，1983)。有研究表明：苯乙烯在木材内聚合能够与纤维素、木质素和戊聚糖接枝(Lawniczak，1987)。苯乙烯浸注处理南方松增加了密度、拒水性和硬度。从 0 到 8 天苯乙烯逐渐注入木材，木材密度线性增加，吸水降低，表面硬度显示没有显著增加。另外，真空处理工艺能够在短时间内增加苯乙烯浸注木材的量。仅真空处理 1min 浸注处理材密度有较大增加并且吸水性较小，硬度明显改善。但真空处理 5min 达到最大值(Chao and Lee，2003)。

苯乙烯中加入丙烯腈、不饱和聚酯聚合后的交联聚合物变坚硬，且比甲基丙烯酸甲酯、甲基丙烯酸甲酯-不饱和聚酯和苯乙烯-丙烯腈体系更加适合于辐射聚合，用γ射线引发固化，得到的复合材料与未处理材比较，尺寸稳定性、硬度、抗压强度和耐磨性得到改善(Czvikovszky，1981)。使用苯乙烯-丙烯腈制造的塑合木并未改变复合材料的机械加工性和胶合性能(Singer et al.，1969)。苯乙烯中加入丙烯腈和甲基丙烯酸丁酯，并不明显影响制备的塑合木复合材料的水分的最大吸收量，但是降低了复合材料的膨胀率、改善了复合材料的尺寸稳定性和抗弯强度(Lawniczak and Pawlak，1983)。用稀释的过氧化氢溶液处理木材，导致在黏度平均值上聚苯乙烯分子量的增加，而且提高了木材-聚苯乙烯复合材料的应力性质(Manrich and Masami，1989)。

苯乙烯中加入 PAE、TDI、2-HEMA 以及辛酸亚锡(催化剂)，前三种化合物先生成大分子引发剂，在催化剂存在下再引发单体自聚或共聚，生成交联聚苯乙烯-聚乙二醇共聚物。处理材的抗胀缩率(ASE)、纵向压缩强度、弯曲强度都比素材有了明显的提高。

苯乙烯与不饱和聚酯在过氧化苯甲酰或者使用 1%过氧化丁酮引发-加热固化工艺中，二乙烯基苯，磷酸三烯丙酯或者三羟甲基丙烷三甲基丙烯酸酯交联剂的加入可增加聚合速度，二乙烯基苯对聚合速度的影响更明显(Lawniczak and Szwarc，1987)。苯乙烯-不饱和聚酯混合物的转化率和木材-苯乙烯-不饱和聚酯复合材料的尺寸稳定性随被处理木材的含水率的增加而降低(Yamashina et al.，1978)。苯乙烯与甲基丙烯酸缩水甘油酯及甲基丙烯酸缩水甘油酯与邻苯二甲酸二烯丙酯联合对木材进行改性，通过偶氮二异丁腈为引发剂和热处理的方式，结果表明改性材的尺寸稳定性，硬度和弹性模量及抗弯强度有明显提高。

Yap 等(1990)用 10 种乙烯类单体或混合单体树脂液,浸注 13 种马来西亚热带树种,制备塑合木。塑合木的扫描电子显微镜分析表明,聚合物填充在薄壁细胞、纤维和导管的细胞腔内。从断裂表面可以看出(Yap et al., 1991),聚合物与胞壁形成强烈的相互作用,有可能是紧密接触而不是形成化学键。傅里叶变换红外光谱图上则观察到丙烯腈和苯乙烯共聚物与木材细胞壁发生接枝共聚,而甲基丙烯酸甲酯处理材则与细胞壁之间没有化学键结合。

Kenaga(1970)研究包括乙烯基苯乙烯、叔丁基苯乙烯和邻次氯基苯乙烯的高沸点的苯乙烯型单体。通过选择催化剂、单体和交联剂的种类及其浓度来改变塑合木制造的固化速率、单体损失和复合材料的物理性质。复合材料能够被黏结在未经处理的装饰薄木板上,并在压力作用下聚合,这是因为单体中这三种苯乙烯类型单体的沸点比苯乙烯沸点高 27~74℃。聚合下单体 t-丁基苯乙烯有最高的沸点 219℃和最低的收缩率 7%。交联剂增加了反应速率和改善了塑合木的物理性质。一般来说需要加入 10%或者更多的交联剂,在耐磨擦性能上可得到最好的改善。在椴木和桦木中研究了叔丁基苯乙烯与马来酸二乙酯、反丁烯二酸二乙酯和丙烯腈共聚复合材料的制备,除了丙烯腈外所有的共聚体均提高了复合材料的抗磨性。在固化期间,聚酯降低了固化时间和苯乙烯单体的流失;但是放热温度会使大块木材炭化。

3) 不饱和聚酯

Doss 等(1991)选用两种不饱和聚酯树脂液:①聚马来酸-邻苯二甲酸-1,2-丙二酯的苯乙烯溶液;②聚马来酸-邻苯二甲酸-氧联二乙酯的苯乙烯溶液,处理美国五叶松木材,以过氧化物为热引发剂,在木材组织内形成交联体型共聚物。同时选用乙醇、丙酮、氯仿等小分子充胀剂对木材进行预充胀处理,与不加小分子充胀剂的处理材作对比。试验结果表明,是否用充胀剂进行预浸注处理,对单体留存率影响不大。不饱和聚酯的结构直接影响其与苯乙烯共聚物的交联度。另外,处理材的持久性试验表明,用不饱和聚酯树脂液处理,只能延缓塑合木尺寸的变化,无法获得永久的尺寸稳定性。

4) 功能性单体

酸酐常与其他单体混合来制备塑合木,例如马来酸酐和苯乙烯混合物用于制造塑合木(Ge, 1983),因为酸酐可与木材的羟基反应,从而改善木材的尺寸稳定性。如改善塑合木的硬度一样,四甘醇二甲基丙烯酸酯和氯菌酸酐混合物增加了塑合木的阻燃性、耐化学性和耐磨性。研究表明,使用马来酸酐、邻苯二甲酸酸酐和琥珀酸酐较少的交联酯化改善了木材的尺寸稳定性和表面性质。浸注 GMA，并且加热引发交联。酸酐和缩水甘油酯混合液浸注木材，聚合的同时与木材发生了反应，得到的木材表面坚硬而光滑。作为脱水酸酐，随 GMA 比例的增加，尺寸稳定性也增加(Ueda et al.，1992)。

异氰酸酯也是一种常用的功能性单体。丙烯酸单体中异氰酸酯化合物的加入减少了仅用丙烯酸化合物制备的塑合木的脆性(Schaudy and Proksch，1981)。在甲基丙烯酸甲酯和 2-羟乙基甲基丙烯酸酯中加入封闭的异氰酸酯，能够改善塑合木的性质(Fujimura et al.，1990)。

苯乙烯浸注液中加入异氰酸酯，改善了木材-聚乙烯复合材料的力学性质(机械性质)。聚亚甲基在木材与聚合物的接合处形成键桥，因此，异氰酸酯对木材和聚合物之间的应力的转变是有益的(Maldas et al.，1989)。

5) 其他

Husain 等(1996)在 ^{60}Coγ 射线下，使用甲基丙烯酸甲酯作为单体，不同浓度的尿素联合甲醇作为润胀剂，用低质的木材制备塑合木。研究结果表明，在所有使用的添加剂中 NVP 是最好的，在 0.5%尿素浓度下复合材料具有最高的单体载量和抗拉强度。

苯乙烯和甲基丙烯酸甲酯，丁基丙烯酸甲酯和丙烯酰胺的混合物是常用的单体。选择加入少量的(1%)功能性单体作为添加剂(酸、无机盐和脲)加入到单体中，可明显地提高聚合物的载药率，在绝大部分情况下可以改善复合材料的拉伸强度(Khan and Ali，1992)。

1.3.1.2 引发剂

自由基引发剂按其分子结构，分为偶氮类、过氧类和氧化还原类。按照其溶解性能分为水溶性引发剂(如无机类的过硫酸盐、过氧化氢、水溶偶氮引发剂等)和油溶性(溶于单体或有机溶剂)的有机类引发剂。按照引发剂的分解方式将引发剂分为热分解型和氧化还原分解型两类。或者按照引发剂的使用温度范围分为：①高温(100℃以上)类，如烷基过氧化物、烷基过氧化氢物、过氧化酯等；②中温(40～100℃)类，如偶氮二异丁腈、过氧化二酰、过硫酸盐等；③低温(0～40℃)类，如氧化还原引发体系。塑合木制备中应根据使用的单体及聚合工艺的不同而选择不同的引发剂。但常用的引发剂是中温引发剂。而热引发聚合常用的引发剂有两种：过氧化物引发剂和偶氮类引发剂(Soundararaian and Reddy，1991)。

塑合木制备中，引发方法以射线辐射或催化加热为主(Kenaga et al.，1962)。小批量生产采用化学固化方法是较为经济的。而在较大规模生产上γ射线是更加经济。在热聚合过程中，普遍采用的是通过引发剂的热解作用产生自由基，引发反应(Meyer，1965)。在射线引发聚合中，由于木材是一种高分子量高分子材料的混合物，暴露在高能量的射线下将使高分子材料解聚，产生游离自由基引发聚合。

自由基催化剂或者γ射线辐射，都将产生自由基(R·+R·)，引发自由基反应的开始。其主要反应过程是：开始阶段(链引发) —— 增长阶段(链增长) —— 终止阶段(链终止)。

开始阶段：R·+M(单体) —— R—M·

增长阶段：R—(M)$_{n-1}$—M·+M —— R—(M)$_n$—M·

终止阶段：R—(M)$_n$—M·+R—(M)$_n$—M· —— R—(M)$_n$—M—M—(M)$_n$—R

过氧化物引发剂，当热分解时形成自由基，这些自由基引发乙烯基单体聚合。制备塑合木常用的过氧化物引发剂包括：过氧化氢丁酯、过氧化丁铜、过氧化月桂酰、过氧化氢异丙基、过氧化环己酮、过氧化氢和过氧化苯甲酰。从这些过氧化物中产生的每一种自由基有不同的反应活性。苯基自由基比苯甲基自由基有更高的活性，并且丙烯基自由基没有反应活性。过氧化苯甲酰(过氧化二苯甲酰)是最常用引发剂。通常过氧化物的用量为单体质量的 0.2%～3.0%。

自由基产率可以通过改变使用的催化剂和通过调整温度来控制。对于偶氮二异丁腈 52，温度范围为 35～80℃；对于偶氮二异丁腈 64 和 67，温度范围为45～90℃；对于偶氮二异丁腈 88，温度范围为 80～120℃。

研究发现偶氮二异丁腈比过氧化苯甲酰聚合更快(Kawakami and Taneda，1973)，且聚合物透明性更好。

1.3.2 塑合木制备工艺

国外对塑合木的研究较早，且工业化应用也比较早。1959 年 Freidin 等首先公开发表了题名为"针叶树材的处理方法"的发明专利。其目的是提高木材的机械性能，向木材中浸注单体，采用γ射线或加速电子线照射聚合固化。此后，许多国家对塑合木的生产方法、工艺流程、物理力学性质和加工性能等方面进行了试验研究，在技术上取得了较大的进展。

塑合木制备的主要工艺流程为：

木材→干燥处理→抽真空处理→氮气加压浸注→引发聚合固化→塑合木

在木材尺寸稳定性的化学方法处理中，乙酰化、低脂化、醚化与塑合木处理相结合，也就是采用两步法工艺制备塑合木，在工业上的应用前景良好。

1.3.2.1 浸注工艺

向木材中注入单体时，常压浸注的注入速率和注入深度均达不到要求，一般采用减压加压装置，但对工业生产规模来说，设备投资大，导致生产成本上升。故在注入工艺方面，做了很多研究。

单板预压法：向单板注入单体时，先将单板的木材细胞壁略加横向压缩，将空隙内的空气挤出来，靠压缩单板回弹作用，如同海绵吸水一样，使单体浸入单板内。

热冷浴法：先将气干木材放在高频电场加热，然后趁热放在常温的单体溶液中浸注，可提高注入速度。川田等研究发现将气干木材先放在高频或微波下加热，然后取出放入冷却的单体溶液中，发现高频或微波预处理能提高木材注入速率。

超声波法：在常温常压下，用丙烯酸酯单体或低聚物浸注木材时，将传递超声波的棒直接夹在木材上，用超声波促进单体的渗透。

电晕预处理法(古野毅等，1991)：将经电晕预处理的木材浸注甲基丙烯酸甲酯，在无引发剂的条件下加热聚合制备塑合木，发现制备的塑合木细胞壁有80%以上的丙烯酸聚合物，证明获得了良好的抗胀缩率。

木材细胞孔洞的孔隙度和细胞壁的微孔有两个级别。细胞壁微孔是短暂的。在完全饱水的木材中，它们的体积最大，当木材干燥到纤维饱和点以下时，它们几乎随含水率线性消失。它们可以在很大程度上(有一些滞后)被重新暴露在湿气或另一个极性流体中恢复。循环湿-干木材在使用过程中发生的微孔体积增大和减小是其尺寸不稳定的原因。塑合木中的聚合物可以大量填充细胞腔或进入微孔中(Schneider，1994)。

1) 细胞腔塑合木

如果将一种化学物质引入干燥的木材中不引起润胀，那么这种化学物质就会残留在细胞腔中。大多数常见的乙烯类和丙烯类单体(如苯乙烯和甲基丙烯酸甲酯)在正常处理时间内属于非溶胀或微溶胀类(Siau，1969)，因此基本上产生细胞腔 WPC。当一种非溶胀的化学物质转变成聚合物时，聚合物将占据胞腔而不是细胞壁。由于细胞孔洞是木材水分运动的主要途径(Siau，1984)，用聚合物堵塞它们使木材更能抵抗水分含量的快速变化，特别是沿纹理的变化。这种影响是在短期内尺寸稳定性更好。有推测认为，在给定的水分条件下，细胞腔内聚合物的物理约束降低了木材的溶胀(Schneider et al.，1991)。这将有助于尺寸稳定性。充满聚合物的胞腔所提供的增强可以提高弹性模量、破裂模量、表面硬度(Schneider et al.，1990)和韧性(Schneider et al.，1989)等性能。通过砂光和抛光可以得到较好的抛光效果。向单体中加入染料使材料着色。由于染料大部分保存在聚合物中(非溶胀单体不会将其带入木材细胞壁中)，所以低密度木材具有鲜艳的颜色。

2) 细胞壁塑合木

通过稳定瞬时细胞壁微孔，使尺寸稳定性显著提高。这是通过使用低分子量的化学物质来实现的，这些化学物质在进入细胞壁时膨胀，随后固化成一种固体的、不可溶解的聚合物。这使细胞壁永久保持溶胀状态。溶剂交换技术也被用来稳定细胞壁微孔。例如，浸注和压缩工艺使用溶于水或醇的酚醛预聚物。溶剂产生微孔，预聚物与溶剂在细胞壁内交换。固化预聚体使木材膨胀。聚乙二醇(PEG)是一种在交换法中用于稳定木材的聚合物(Stamm，1977)。

3) 复合处理塑合木

结合细胞管腔和细胞壁处理是可能的。用溶胀溶剂稀释本质上非溶胀的单体，以获得复合效果(Furuno et al.，1973)。在固化过程中，溶剂会蒸发，这限制了固体的保留。细胞壁处理后，细胞管腔处理(Rowell and Meyer，1982)，纯(100%活性成分)溶胀单体或溶胀与非溶胀单体混合物(Schaudy and Proksch，1982；Rowel and Meyer，1982；Loos and Robinson，1968)和硅烷偶联剂与非溶胀单体混合物(Brebner and Schneider，1985)的研究表明，与细胞管腔处理相比，尺寸稳定性得到了改善。考虑到大量可用的化学物质，同时开发细胞壁和细胞腔处理的理想性能的组合配方是有希望的。

1.3.2.2　聚合方法

在木材中注入单体或树脂液后，使其在木材内聚合的方法大致可分为射线照射法和热引发法两大类。

1) 射线照射法

射线照射法是将浸注处理材(经过单体/低聚物浸注液处理的木材)用高能射线(如γ射线)辐照使单体或低聚物聚合(Schaudy and Proksch，1982；Witt，1981；Autio and Mieitmen，1970)。射线照射法采用的高能射线可以是 ^{60}Co 放射出的γ射线，也可是电子加速器放出的电子束(β射线)。γ射线的穿透性较强，适合于制备较厚的塑合木制品；电子束的穿透性较弱，适合制备较薄的塑合木制品。该法具有下述特点：

(1) 对于尺寸较大和形状不规则的木材及木材制品处理较为方便；

(2) 单体溶液中可不加引发剂，处理液便于储存和反复使用；

(3) 在大气压和室温下皆可进行辐射处理；

(4) 某些物理力学性质好于热引发法生产的塑合木；

(5) 采用高能电子加速器、^{60}Co 同位素辐射源及其相应的防护措施，设备造价高；

(6) γ射线对木材有劣化作用。

2) 热引发法

热引发法是借助于加入处理液中的自由基引发剂和加热的作用，以自由基引发聚合形成塑合木。热引发法生产塑合木可以克服射线照射法的缺点，设备投资少，易于投资生产，比较适于在发展中国家推广应用。然而，在热引发法生产塑合木中，由于引发剂的加入也会产生某些不利的影响。

① 木材中含有酚类化合物(如单宁)，是自由基引发聚合的阻聚剂。这些酚类物质不断地消耗着引发剂，甚至使聚合反应不能进行到一定深度。若维持反应进行下去，须不断地提高反应温度。然而木材又是热的不良导体，这样就需要长时间加热升温，结果由于时间长、温度高，增加了单体挥发损失，使塑合木的性能下降，甚至导致木材分解炭化。

② 浸注处理后的剩余处理液，由于其中含有引发剂，尚需要加入某些阻聚剂后方能存放，不便保存。

③ 引发剂本身有缺点。目前国内外科研与生产中使用的引发剂主要有两种：过氧化苯甲酰和偶氮二异丁腈。它们在低温下分别分解为二氧化碳和氮气，易引起聚合体发泡，有降低塑合木力学强度的趋势。此外，过氧化苯甲酰是一种氧化剂，能使单体混合液中所添加的染色剂褪色。这样使得在生产有色塑合木时，需要加入过量的染色剂，并且这种引发剂易燃易爆，不利于安全生产。偶氮二异丁腈有毒，若劳动保护措施不当，则不利于人体健康。

1.3.2.3　其他方面研究

1) 乙酰化、低酯化、醚化-聚合工艺

乙酰化-塑合木处理在方法和树脂液的选择方面无太大突破，主要围绕乙酰化处理、塑合木处理及二者结合处理的材性比较。Feist 等(1991)对杨木心材用乙酰化、甲基丙烯酸甲酯浸注聚合和先乙酰化处理再经甲基丙烯酸甲酯浸注聚合三种处理方法进行对比研究(王新爱，2001)。在乙酰化过程中，各种酸酐在真空压力下进入木材结构内，然后在高温条件下与木材细胞壁聚合物发生反应。文献中报道的酸酐包括乙酸酐、琥珀酸酸酐、马来酸酸酐、丙酸酸酐和丁酸酸酐。最常用的是乙酸酐，它可以在没有或有吡啶等催化剂的情况下，在高温下与细胞壁聚合物的羟基发生反应，形成酯键，同时释放乙酸作为反应副产物(Hill et al.，1998；Hon，1995；Rowell，1982)。细胞壁聚合物与乙酸酐的反应按照木质素>半纤维素>纤维素(Hill et al.，1988)的顺序进行。乙酰化木材具有高度的尺寸稳定性，并能有效地抵抗风化(Evans et al.，2000；Plackett et al.，1992)。

低酯化处理是乙酰化的改进，在工业上的应用前景十分诱人(Masahisa and Masami，1992)，所用的试剂为有机二酸酐和环氧化合物。若是选择烃基上含有双键的此类化合物，例如 GMA，则可将低酯化与塑合木结合起来。Rowell 等(1982)研究用环氧丙烷和甲基丙烯酸甲酯单体两段处理法化学改性美国长叶松和糖槭木材，结果得到了具有较高尺寸稳定性的塑合木。Matsuda 等(1992)选用马来酸酐、邻苯二甲酸酐、琥珀酸酐等二酸酐以及 GMA 为反应试剂，用一步法和二步法处理日本扁柏，催化加热制备交联低酯化塑合木。处理后塑合木表面硬而光滑，尺寸稳定性也得到明显改进。此外，还可用一步法处理试材，通过热压，制得表面塑合木化的产品。

2) 木材溶胀处理-聚合工艺

Ueda 等(1994)用甲醇作溶胀剂，将单体分子甲基丙烯酸甲酯注入一种来自孟加拉国用作燃料的木材中，制备塑合木。研究发现，浸注小分子的单体制备的塑合木性能，其真空状态下比在常态下所得到的参数大得多。当加入甲醇后，助剂甲醇的加入很明显的增加了接枝率、拉伸强度、弯曲强度，使得真空和常态两种条件下的性能参数差距变小。考虑到现有资料，建议在常压下浸注是更可取的。因为在常压下各种尺寸和形状的基材都可浸注。

研究证实：含羟基的丙烯酸共聚物在丙酮膨胀的木材上是单分子吸附(Fujimura and Inoue，1992)。所吸附的高聚物主要位于瞬时空隙，即位于细胞壁上，共聚物的分子量、在溶剂中的构象、与木材之间的亲水性都是影响吸附性能的重要因素。由于被溶剂充胀的木材组织存在各种尺寸的微孔，所以共聚物在溶剂中的构象，即分子在溶剂中的拉伸程度(用转动半径表征)则是其中最重要的因素(Fujimura et al.，1993)。用丙烯酸共聚物树脂液处理的日本扁柏，不仅提高了木材的尺寸稳定性，克服了单体树脂液易挥发、产品加工性能较差的缺点，而且改善了处理材的生物抗性(Fujimura et al.，1994)。

3) 其他

Yildiz 等(2005)分别用苯乙烯、甲基丙烯酸甲酯，苯乙烯/甲基丙烯酸甲酯全浸注、半浸注、四分之一浸注白杨，制备塑合木。结果发现苯乙烯/甲基丙烯酸甲酯处理材的抗压强度和静曲强度均比苯乙烯和甲基丙烯酸甲酯处理材有明显提高。

Hartley 等(1993)比较了填充细胞腔(CL)和充胀细胞壁(CW)的两类塑合木在水中的体积膨胀，结果自然是 CW-塑合木的体积膨胀率小于 CL-塑合木，同时，聚合物含量越高，纤维饱和点和体积膨胀率则越低。这是因为单体在木材组织内聚合后体积收缩，如果胞腔内聚合物含量升高，密度会增大，聚合物与胞壁之间、一个胞腔内的聚合物与另一个胞腔内的聚合物之间互相作用也会随之增强，因此对体积膨胀的限制作用也就增大。

1.3.3　塑合木性能

塑合木的研究中，其性能方面的研究较多。因为，塑合木制备的目的就是要改善木材的一些性能。塑合木可以改善木材许多性质(Furuno et al.，1992)。因此能够根据产品的具体的要求与应用来生产制造。在不改变木材原有优良的性质的条件下，通过对木材的改性处理，改善了木材本身固有的缺点并且对木材本身的一些优良性质进行加强。如：改善了木材本身的尺寸稳定性差、防水性、阻燃性、防腐性和耐候性不良缺点；提高了木材表面强度、韧性、耐磨性等性能。

1.3.3.1　硬度

硬度是木材抗磨性和永久凹痕形成的性质。检测方法中的任何一种方法都可检测塑合木的抗凹硬度。检测方法依据塑合木和最终得到的产品而定(朱玮和郭风平，1998)。塑合木的硬度依赖于聚合物的含量和聚合物本身的硬度。聚合物的含量受木材的空隙度和密度影响。例如多孔隙、低密度的木材会有较高的聚合物的含量。一般来说，聚合物的含量越高得到的塑合木的硬度越大。

1.3.3.2　耐磨性

一般来说，耐磨性随木材内聚合物的含量的增加而增加。如白桦、黄桤、黑桤和云杉当被浸注聚苯乙烯时，会具有与天然的白橡相当的耐磨性。浸注甲基丙烯酸甲酯的桤木和桦木与未经处理材相比耐磨性得到显著改善(质量损失少于85%)(Miettinen et al., 1968)。

1.3.3.3　吸水、吸湿和尺寸稳定性

塑合木的吸水性、吸湿性与未处理材相比大大降低，具有较好的体积稳定性。究其原因一方面可能因有机单体接枝到木材组分的分子链上，封闭了吸湿性很强的游离羟基；另一方面木材中的孔隙已由疏水性单体聚合物充填，使之成为疏水性并且流体渗透性差的材料。

尺寸稳定性是指暴露在各种潮湿条件下木材尺寸抗变化的性质。尺寸稳定性用体积膨胀百分数和抗胀缩率(ASE)来描述。许多塑合木复合材料，在水中或高湿度条件下随时间的推移尺寸并不稳定，大部分塑合木的尺寸将膨胀到与未处理材相同的量。

有两种改善塑合木的尺寸稳定性的方法。一种是在达到或接近达到湿材(或生材)的尺寸下，使用水性或非水性溶剂使木材膨胀并且把单体携带到细胞壁，或用极性单体增加木材的膨胀且将单体浸入木材。另一种是加入与细胞壁羟基发生反应的化学物质，因此减少塑合木内的亲水基团(Loos，1968)。与木材细胞壁的化学改性相比，位于塑合木细胞腔内的聚合物对尺寸稳定性作用并不明显(Fujimura and Inoue，1991)。

1.3.3.4　表面强度

木材组织内部聚合物的存在，大大降低了由于腐朽菌的浸入而造成的失重，但填充或覆盖细胞腔的高聚物只能防止腐朽菌的入侵，真正起作用的是充胀细胞壁的高聚物，当胞壁上聚合物留存率大于10%时，就能有效地防止生物降解，对于含高聚物较多的薄壁细胞、管胞壁来说，腐朽菌很难浸入，其胞腔表面几乎完好无缺。

1.3.3.5　燃烧性能

在制造塑合木的过程中，若在单体溶液中加入某些阻燃剂，如有机磷酸酯

等物质浸注木材，制得的塑合木的阻燃性能可以改善。但是在选用阻燃剂时，必须考虑加入后不能对聚合反应有阻碍，阻燃剂本身不应有毒(近年来，人们对含卤阻燃剂提出了越来越多的质疑，含有卤素的阻燃剂或者单体不宜采用)。

因为很多火灾死亡是由于烟的吸入引起的，所以测量烟浓度是非常重要的。聚甲基丙烯酸甲酯提高了木材的易燃性(Lubke and Jokel，1983)。但苯乙烯和丙烯腈并不提高木材的易燃性(Schaudy et al.，1982)。混有乙酸乙烯或丙烯腈的(2-氯乙烯)乙烯基磷酸酯改善了阻燃性，但效果次于聚二氯乙烯磷酸酯和聚二乙烯基乙烯磷酸酯。用甲基丙烯酸二甲氨基乙酯磷酸盐浸注并在交联剂存在下聚合的木材，跟用磷酸三氯乙酯处理的木材具有一样高的阻燃性。单体体系中氯化石蜡油的加入赋予塑合木阻燃性(Iya and Majali，1978)。甲基丙烯酸甲酯-双(2-氯乙烯)乙烯基磷酸酯共聚体和甲基丙烯酸甲酯-双(氯丙烯)-2-丙烯磷酸酯共聚体木材复合材料的极限氧指数值比未处理材和其他复合材料更高，表明了磷酸酯阻燃的有效性。用甲基丙烯酸甲酯制造的塑合木样本是无烟的，但是用苯乙烯类型单体制造的塑合木产生浓烟(Siau et al.，1972)。芳香族聚合物的存在(例如聚氯苯烯、芳香苯环阻燃剂)促进了烟的形成，增加了火焰蔓延和提高了燃料的利用(Siau et al.，1975)。塑合木在火焰熄灭后，其烟的产生明显增加。

1.3.3.6 防腐性能

塑合木防腐性能好。塑合木大大降低了木材易腐朽、易虫蛀的缺点。这是因为在木材结构中充填聚合物后，使木材的孔隙率大大降低，聚合物的存在改变了木材中木腐菌的生存环境，已不能像天然木材那样为木腐菌提供适宜的空气、水分和营养，不利于木腐菌的生长和传播。

1.3.3.7 动态力学性能

动态热机械性能是在周期交变负荷作用下研究高聚物材料的热机械行为。它通过材料的结构、分子运动的状态来表征材料的特性，使高分子材料的力学行为与温度和作用的频率联系起来，反映了在强迫振动下材料的弹性模量 E'、损耗模量 E'' 及损耗角正切 $\tan\delta$ 随温度的变化情况。Fujimura 等(1992)试验研究表明：损耗模量的第一个峰值温度随交联度和充胀作用的增大向高温区移动，第二个峰值温度则向低温区移动；随交联度的增大，充胀量升高。因为交联度增大，聚合物变为刚性结构，就有能力与木材的收缩应力相抗衡，所以充胀作用对尺寸稳定性的影响又取决于交联度。交联丙烯酸共聚物与木材之间的相互作用直接影响共聚物对木材吸附性的大小，因此可通过研究共聚物对木材的吸附性能，探讨共聚物与木材之间的相互作用。

Ellis 等(1997)用基于聚合物的丙烯酸化学式，已经用动态机械热分析描述了塑合木的玻璃化转化温度。丙烯酸单体和其他成分的复合用来制成有不同性质的聚合物，介绍了这些聚合系统对动态机械热分析测量的复合材料的转化温度的影响。讨论了聚合物和木材(界面)相互作用的影响因子。复合材料的动力学性质与其物理性质有关。

浸注丙烯酸和丙烯腈(包括不饱和聚酯或者聚乙二醇甲基丙烯酸酯)，通过电子束辐射制造的山毛榉单板塑合木的动态模量随聚合物的质量分数增加呈对数级增加，表明了细胞壁表面和聚合物之间的相互作用。复合材料的动态黏弹性的温度分散现象也表明了聚合物和细胞壁之间的相互作用(Handa et al.，1981)。

1.3.4　塑合木应用

由于塑合木具有良好的尺寸稳定性、力学强度、耐磨和耐腐性能，可用作建筑材料、工业材料、家具和工艺材料、文化体育用品的制作材料，应用范围广泛。

1) 建筑材料

塑合木的工业化产品主要是地板，具有多种色彩，不需油漆、维护保养方便，因而这样的地板多用于百货大楼、体育馆、候机大楼等公共场所，当然也适于高档住宅居室。

2) 工业材料

塑合木可用于要求耐腐蚀、耐药性、强度较高但金属材料不适宜的地方，亦可用于制作纺织木梭、线轴和铁道枕木等。

3) 家具和工艺材料

塑合木可用于高档家具、地板、门把手和器具柄把等。彩色的塑合木可制作笔杆、打火机部件。

4) 文化体育用品

塑合木可用于制作音响箱体、乐器用材、枪托和高尔夫球棒等。

第2章 枫木单板塑合木浸注液配方的设计

2.1 引 言

本书研究内容的主要目的是制备性能优异的枫木单板塑合木(VPC-F)。由于枫木其硬度适中，纹理致密，光泽良好，而且木纹美丽(常见鸟眼状和虎背状花纹)，被作为较高档的木材使用。制备的枫木单板塑合木应在保留枫木本身优点的前提下(不改变其本身颜色、光泽)，提高枫木的各项性能，因此对浸注单体的选择提出了很高的要求。考虑到制备 VPC-F 开发地板产品，因此对单体的要求：①聚合反应固化后聚合物要无色，不能在木材内部和木材表面产生显色反应；②固化后聚合物不能残留在木材表面；③能够较好地改善木材的尺寸稳定性；④较大幅度提高木材的力学性能。

2.2 浸注液配方设计

2.2.1 主单体

通过系统的文献检索和理论分析，在备选的不饱和聚酯树脂、乙烯基单体(苯乙烯、苯乙烯-丙烯腈等)、丙烯酸类单体、甲基丙烯酸甲酯等浸注液体系中，选择甲基丙烯酸甲酯(MMA)作为浸注单体的主体，因为 MMA 是用于制备塑合木的最经济和最普通的单体(Chia and Kong，1981)，而且其聚合物聚甲基丙烯酸甲酯(PMMA)具有较好的耐侯性、透明性，好的抗冲击性和易加工性(Brydson，1982)。MMA 物理性能如表 2-1 所示。但由于 MMA 沸点低(100.5℃)，导致单体在固化期间有很大的损失，需在惰性气体(至少是无氧的条件下)的保护下固化。MMA 本身为无色透明液体，其聚合物也为无色透明，符合枫木塑合木制备的前提条件。

表 2-1　MMA 物理性能(马占镖，2002)

性能	单位	数值	性能	单位	数值
密度	g/cm³	0.9431	比热容	J/(kg·℃)	2.052×10^3
折射率(n_D^{20})	—	1.413～1.416	聚合热	J/kg	544
运动黏度(20℃)	m²/s	6.6×10^{-7}	蒸发潜热	J/g	—
熔点	℃	−48.2	(61℃)	—	368.4
沸点	℃	100.5	(100.5℃)	—	322.4
闪点	℃	11.5	聚合收缩率	%	21
自动点火温度	℃	421	爆炸极限 (在空气中)	%	2.12～12.5

2.2.2　共聚单体

苯乙烯(St)也是制备塑合木最常使用的单体之一。由于单独使用 MMA 自聚合而得的均聚物 PMMA，存在脆性大、耐冲击性差和收缩性大等缺陷，所以常与其他单体混合使用。通过 MMA 和 St 两单体的共聚反应则可以改变聚合物的组成和结构，从而达到改进其性能的目的(杨福生，2001；潘才元，1999)。MMA 与 St 的气味很重，微量单体挥发就会形成很强的特有的刺激性气味，这对于生产工艺和设备提出了很高的要求。

2.2.3　功能性单体

1) 马来酸酐(MAH)

在浸注液中添加适量功能单体 MAH，使之在反应中与主单体聚 MMA 形成共聚，在主链上引入五元环状结构，与在侧链上引入庞大侧基相比，主链中的环状结构能使主链变得僵硬，刚性增大(于有骏和齐大荃，1990)，从而使得共聚物耐热性明显提高，力学性能基本不变。并且，MMA 与 MAH 环状结构的化合物共聚，这样就在聚合物中引入酸酐，在塑合木的制备中，就有可能与木材细胞壁上的—OH 结合形成交联，从而提高塑合木的尺寸稳定性。

2) 甲基丙烯酸缩水甘油酯(GMA)

GMA 的缩水甘油基，能够与含有活性氢的基团反应，例如氨基、氢氧基和羧基。因此，MMA 的缩水甘油基和末端双键能够被用于与木材的纤维素羟基反应，还能与乙烯基单体或者丙烯酸单体共聚反应。并且，已有报道用

St 和 GMA 作为交联单体处理木材表现出了性质的改善(Devi et al., 2003; Rozman et al., 1998)。

2.2.4　引发剂

试验采用热引发聚合, 应选择偶氮类和过氧类油溶性有机引发剂。

对于热引发用引发剂的选择, 还要考虑的最重要因素是引发剂的活性温度与单体的沸点相适应。对于 MMA 而言, 其常压沸点为 101℃, 应选择中温引发剂, 聚合温度过高则单体挥发过多; 过低则与室温太接近, 不利于浸注液的存储。

中温的过氧类引发剂有过氧化二苯甲酰(BPO), 但是在其作为引发剂时, 制备的产品在使用的过程中往往易缓慢变黄。与其性能相符的偶氮类引发剂偶氮二异丁腈(AIBN), 则不存在此问题。AIBN 是最常用的一种引发剂, 其分解特点是几乎全部为一级反应, 只形成一种自由基, 无诱导分解, 分解均匀; 另外其常温下比较稳定, 可以纯粹状态安全贮存(潘祖仁, 2003)。而且 AIBN 在 60.5℃的半衰期为 16.6h, 82℃的半衰期为 1h(张留成等, 2007), 适合本试验条件。因此本试验选 AIBN 作为引发剂。

AIBN 的分解反应式如式(2-1):

$$(H_3C)_2C\!-\!N\!=\!N\!-\!C(CH_3)_2 \longrightarrow 2(H_3C)_2\underset{\underset{CN}{|}}{C}\cdot +N_2\uparrow \qquad (2\text{-}1)$$

AIBN 是纯的粉末状固体, 在 MMA 中溶解性较好, 可直接加入使用或者先溶解于惰性溶剂中。然而, AIBN 热分解时产生氮气, 在制备塑合木时形成气泡, 导致木材内部存在空隙, 并且因氮气的逸出而将一部分浸注液排出木材, 造成单体留存率下降。因此这又提高了塑合木的制备工艺和生产工艺要求。

2.2.5　浸注液配方设计方案

浸注液配方设计为:

配方 1: MMA+AIBN

配方 2: MMA+St+AIBN

配方 3: MMA+MAH+AIBN

配方 4: MMA+St+MAH+AIBN

配方 5：MMA+St+GMA+AIBN

配方 6：MMA+St+MAH+GMA+AIBN

2.3　浸注液配方及工艺条件的初步筛选

制备性能优异的枫木单板塑合木，考虑到聚合物的性能对塑合木的影响很大。所以，试验先采用试管试验，探讨了浸注液配方及配比对聚合的影响，对浸注液配方、配比及聚合反应条件进行了粗选。

2.3.1　试验原料与仪器

(1) 试验用药品(表 2-2)。

(2) 待处理材：

枫木单板，尺寸为 1250mm×130mm×2.2mm(纵向×弦向×径向)，含水率(8±2)%，由上海伟佳家具有限公司提供。

(3) 试验仪器、工具：

① 水浴锅、电子天平；

② 试管(配套胶塞)、烧杯、移液管、玻璃棒；

③ 秒表。

表 2-2　试验用药品

药品名称	英文简写	级别	生产厂家
甲基丙烯酸甲酯	MMA	工业纯	哈尔滨三力涂料有限公司
苯乙烯	St	分析纯	天津市光复精细化工研究所
马来酸酐	MAH	化学纯	沈阳试剂厂
偶氮二异丁腈	AIBN	化学纯	上海山浦化工有限公司
甲基丙烯酸缩水甘油酯	GMA	工业纯	南京九龙化工有限公司

2.3.2　结果与讨论

2.3.2.1　引发剂用量与聚合固化温度对浸注液固化的影响

引发剂的用量和聚合反应温度是影响 MMA 本体聚合的两大主要因素(单国

荣等，2002；Mankar et al.，2002)。

　　由于试验所选主单体 MMA 的常压沸点为 101℃，过高的温度不利于浸注液的存储。而且试验选用的引发剂 AIBN 在 60.5℃的半衰期为 16.6h，65℃的半衰期为 10h，69.5℃的半衰期为 5.1h，82℃的半衰期为 1h。当反应温度低于65℃时，AIBN 的分解速度过慢，将使聚合时间过长，固化时间过长则生产效率降低，致使生产成本偏高；而当温度高于 90℃时，反应速度过快，温度不好控制，有可能引起爆聚，反应热的集中释放也易造成木材内部温度升高过快。并且温度过高的话，一方面会使单体挥发严重，另一方面因自由基浓度高而得到的聚合物分子量低，致使产品的力学性能较差；或引发剂过早的分解结束，在低转化率阶段停止聚合。所以本试验粗选采用中温 70～90℃固化。引发剂的用量在 0.1%～0.2%范围内。

　　引发剂的用量和聚合温度的确定，依据固化时间和凝胶时间来筛选。对于塑合木的制备来说，固化时间是重要的因素，固化时间短则塑合木的生产效率就高。聚合反应中，当反应达到一定转化率时，聚合速率出现显著的自动加速效应，或称凝胶效应(Soh and Sundberg，1982)。凝胶时间是指由加入引发剂开始到凝胶效应出现，树脂失去流动性，所经历的时间。凝胶时间对体系温度的影响很敏感，测定在恒温下进行。影响凝胶效应大小的主要因素包括聚合温度、引发剂浓度等(徐玲等，1990)。

　　取 9 支试管加入 30gMMA，放置备用。从 9 支试管中取出 3 支做好标记，各加入 0.03gAIBN(平行试验，引发剂用量为 MMA 质量的 0.1%)；再从剩余的6 支试管中取 3 支试管做好标记，各加入 0.045gAIBN(平行试验，引发剂用量为 MMA 质量的 0.15%)；再将剩余的 3 支试管做好标记，各加入 0.06gAIBN(平行试验，引发剂用量为 MMA 质量的 0.2%)。用聚乙烯薄膜密封 9 支试管，振荡使固体溶解并摇匀。从每组中分别取出一个试管置于温度为 70℃的水浴中并开始计时，定时取出试管，摇晃振荡试管以观察液体的流动情况，直到试管中溶液固化为止(必要时用玻璃棒试探，如坚硬，则视为固化)。记录试验的现象与时间。按照同样的方法，从 3 组中再取试管，分别于 80℃和 90℃加热条件下进行上述试验。

　　1) 引发剂 AIBN 用量和反应温度对浸注液聚合时间的影响

　　从表 2-3 的试验结果可知，随引发剂用量的增加，浸注液的凝胶化时间和固化时间都相应缩短(徐玲，1998)。根据生产效率和产品质量考虑。固化反应时间设定为 1～2h 为宜，所以反应温度取 80℃为宜。引发剂的用量直接影响产品的性能，用量越大生成的聚合物分子量越小，考虑到生产的效率和经济因素，特别是木材中常含有一定量的阻聚成分，引发剂用量取 0.15%。并且，随反应温度的升高和引发剂用量的增加，聚合反应变得剧烈，聚合过程伴随有气泡生成。所以引发剂用量和反应温度不宜过高。在此后试验中反应温度控制在80℃，引发剂用量取 0.15%，即在此条件下来衡量浸注配方中单体配比对聚合反应的影响。

2) 引发剂 AIBN 用量和反应温度对浸注液聚合反应中气泡生成量的影响

试验中发现，凝胶时尤其是固化过程中均有气泡产生，如表 2-3 所示。并且，随反应温度的升高和引发剂用量的增加，产生的气泡量增多，速度加快。分析其原因可能是由于引发剂分解产生的氮气造成，也可能是聚合反应过程中温度不均造成的，进行木材浸注单体后固化时应考虑这一因素。

表 2-3 　引发剂用量及反应温度对聚合反应的影响

	反应温度	70℃			80℃			90℃		
	引发剂用量	0.1%	0.15%	0.2%	0.1%	0.15%	0.2%	0.1%	0.15%	0.2%
凝胶化	时间/min	70	60	55	40	30	25	25	20	15
	凝胶物是否透明	是	是	是	是	是	是	是	是	是
	凝胶时有无气泡	无	无	无	无	无	无	无	有	有
固化	时间/min	>120	115	110	55	45	40	33	27	22
	聚合物是否透明	是	是	是	是	是	是	是	是	是
	聚合时气泡多少	少	少	少	少	少	多	多	多	多

2.3.2.2 　苯乙烯(St)用量对聚合反应的影响

MMA 单体自身聚合所得到的均聚物聚 PMMA，它在某些性能方面需要改进，例如脆性大和不耐冲击等。当甲基丙烯酸甲酯与 St 单体共聚时，St 单体侧基有体积庞大的苯环，空间位阻增大，限制了共聚链的内旋转，使共聚链的刚性增加，可提高聚合物的热稳定性、拉伸强度和冲击强度，从而改善塑合木的性能。下面探讨一下 St 的用量对浸注液聚合的影响。

在 5 支试管中各加入 30g 的 MMA，按表 2-4 中的配比，依次按顺序向 5 支试管里加入 15g、12g、9g、6g 和 3g 的 St，再依次按顺序向 5 支试管里各加入 0.0675g、0.063g、0.058g、0.054g 和 0.0495g 的 AIBN，封口后振荡使固体溶解，当固体溶解后将试管置于温度为 80℃的水浴中加热引发固化，并定时观察现象。

表 2-4　St 用量对聚合反应的影响

项目		St 用量				
		10%	20%	30%	40%	50%
凝胶化	时间/min	60	81	108	132	144
	凝胶物是否透明	是	是	是	是	是
	凝胶时有无气泡	有	有	有	无	无
固化	时间/min	72	95	129	156	184
	聚合物是否透明	是	是	是	是	是
	聚合时气泡多少	多	多	多	少	少

MMA 与 St 共聚反应属于自由基连锁反应，分为链引发、链增长及链终止三个阶段。同样将反应温度定为 80℃，引发剂用量为 MMA 与 St 总质量的 0.15%。从表 2-4 可以看出，随反应体系中 St 量的增加，聚合时间延长(唐舜英等，1988)，聚合过程中生成的气泡减少，聚合物透光率降低(杨朝明和陈剑楠，2005)。随 St 用量增加聚合时间延长，这对塑合木产品产业化的实际生产效率影响较大，故 St 用量不应过高，本试验选取的用量应低于 50%。

2.3.2.3　马来酸酐(MAH)用量对聚合反应的影响

在 MMA 中加入 MAH，MAH 的酸酐基与木材羟基反应，从而实现与木材的接枝，提高木材的尺寸稳定性。并且，MAH 与 MMA 单体反应，可在聚 MMA 的主链上引入环状结构，环状结构的引入使聚合物主链变得僵硬，刚性增大(于有骏和齐大荃，1990)，对链段运动具有较大的阻碍作用。可改善聚合物的耐热性能，又不会明显降低其力学性能。下面探讨 MAH 用量对浸注液聚合的影响。

依据上面对 MMA 聚合反应的探讨，将反应温度定为 80℃，引发剂用量为 0.15%。取一定量的 MMA，通过添加不同量的 MAH 来初步优化浸注液配方。由于 MMA 和 MAH 这两种单体极性相差较大，聚合时极易发生交替共聚，随体系中 MAH 用量的增加，这种趋势更为明显。从表 2-5 可以看出，与单纯 MMA 浸注液相比，MAH 的加入基本上没有延长固化时间。随 MAH 用量的增加，固化时间还有减小的趋势，这对提高塑合木的生产效率是有利的，并且有利于增大聚合时与木材细胞壁结合的概率。MAH 的加入对聚合物颜色没有影响。

表 2-5 MAH 用量对聚合反应的影响

项目	MAH 用量				
	1%	5%	10%	15%	20%
凝胶时间/min	30	28	27	27	27
固化时间/min	50	48	45	45	45
聚合物透明性	透明	透明	透明	透明	透明

在 MAH 的用量为 MMA 用量的 1%~20%时，固化能够顺利地进行。但试验发现，10%的 MAH 的用量已经接近其在 MMA 中的溶解度，在不引入其他溶剂单体的情况下，MAH 的用量低于 10%是较为合适。

2.3.2.4 苯乙烯(St)和马来酸酐(MAH)相互作用对聚合反应的影响

在 9 支试管中分别配制 St 用量为 MMA 用量的 10%、20%和 30%的溶液各三份(平行试验)，各试管溶液中分别加入其单体质量的 0.15%的引发剂 AIBN。分别加入 MMA 质量的 1%，5%和 10%的 MAH。封口振荡，使固体溶解后置于温度为 80℃的水浴中，定时观察反应情况。

表 2-6 MAH 和 St 用量对聚合反应的影响

项目	MAH 1%			MAH 5%			MAH 10%		
	St 10%	St 20%	St 30%	St 10%	St 20%	St 30%	St 10%	St 20%	St 30%
凝胶时间/min	60	65	95	50	52	53	25	23	20
固化时间/min	70	95	115	65	65	100	40	43	40
聚合后现象	透明	透明	透明	透明	透明	透明	透明	透明	不透明

同样将反应温度定为 80℃，引发剂用量为 MMA 与 St 总质量的 0.15%。MMA、St 和 MAH 具有很好的共聚性。从表 2-6 可以看出，MMA 与 St 体系中随 MAH 用量的增大，聚合反应速率加快，固化时间缩短(罗家汉和肖惠宁，1989)，这主要是 MAH 用量增大有利于三元共聚的进行。但用量若过大会影响最终聚合物的透明性。

2.3.2.5　甲基丙烯酸缩水甘油酯(GMA)用量对聚合反应的影响

在 4 支试管中各加入 30g MMA，按表 2-7 中的配比，按顺序向 4 支试管里各加入 0.6g、1.2g、1.8g 和 2.4g 的 GMA，再按顺序向 4 支试管里分别加入 0.03g 的 AIBN，封口后振荡使固体溶解，当固体溶解后将试管置于温度为 80℃的水浴中加热引发固化，并定时观察现象。

单体 GMA 分子中含有活泼的环氧基团，该功能单体常可与其他单体进行共聚合，制备各种功能性材料。MMA 与 GMA 均为甲基丙烯酸酯类单体，从表 2-7 可以看出，在 GMA 的用量为 MMA 用量的 1%～50%时，MMA 与 GMA 共聚易于进行。聚合物颜色没有变化。

表 2-7　GMA 用量对聚合反应的影响

项目	GMA 用量						
	1%	5%	10%	20%	30%	40%	50%
凝胶时间/min	33	32	32	32	32	30	28
固化时间/min	46	45	45	45	45	43	40
聚合物透明性	透明	透明	透明	透明	透明	透明	透明

2.4　本　章　小　结

本章根据枫木单板塑合木制备要达到的性能要求，设计了浸注液配方，并通过试管试验对配方中单体的用量范围进行了界定。

(1) 设计了 6 种浸注液配方为：a，MMA+AIBN；b，MMA+St+AIBN；c，MMA+MAH+AIBN；d，MMA+St+MAH+AIBN；e，MMA+St+GMA+AIBN；f，MMA+St+MAH+GMA+AIBN。

(2) 以 MMA 主单体进行试管试验，通过观察分析聚合物，确定引发剂用量取 0.15%，聚合反应温度控制在 80℃，聚合能够很好地进行。在此条件基础上，界定了 MAH 的用量为 1%～10%；St 的用量为 10%～50%；GMA 的用量为 1%～50%较适宜。

第 3 章 枫木单板塑合木浸注液配方的优化

3.1 引 言

木材是一种吸湿性材料，它的含水率随周围环境的温度和相对湿度的变化而变化。木材的吸湿和解吸依赖于木材尺寸的变化，当木材被干燥时收缩，相反当木材吸收水分时膨胀，导致木材的尺寸稳定性较差。用乙烯基或者丙烯酸基单体浸注木材，可以提高木材的力学性能和改善木材的尺寸稳定性。本试验主要从改善尺寸稳定性方面着手，制备性能优异的枫木单板塑合木材料。所以，在浸注液配方优化研究中，主要以不同浸注液配方对制备的塑合木材料的尺寸稳定性和力学性能影响为依据，对浸注液配方进行优化。

3.2 试 验

3.2.1 试验原料

(1) 浸注液：浸注单体药液如表 3-1～表 3-3 所示。

(2) 处理试件制备及尺寸：处理材为枫木单板。尺寸稳定性及颜色检测用试件制备截图如图 3-1 所示，是把尺寸为 1250mm×130mm×2.2mm(纵向×弦向×径向)的枫木单板，精制成尺寸为 30mm×40mm×2.2mm(纵向×弦向×径向)的试件备用。抗弯强度和冲击强度检测用试件制备截图如图 3-2 所示，是把尺寸为 1250mm×130mm×2.2mm(纵向×弦向×径向)的枫木单板，精制成尺寸为 80mm×13mm×2.2mm(纵向×弦向×径向)和 80mm×10mm×2.2mm(纵向×弦向×径向)的试件备用。

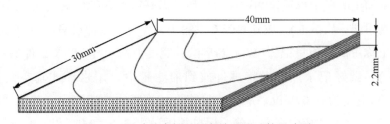

图 3-1 尺寸稳定性及颜色检测用试件尺寸图

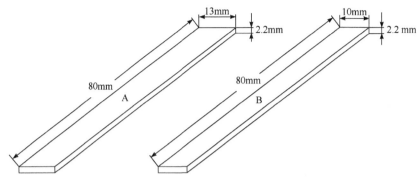

(A. 抗弯强度检测试件；B. 冲击强度检测试件)

图 3-2　抗弯强度及冲击强度检测用试件尺寸图

3.2.2　试验仪器与设备

(1) 控温水浴锅、电子天平；

(2) 三口烧瓶(500mL，配套胶塞)、抽滤瓶(500mL)、烧杯、移液管；

(3) 电子天平、秒表；

(4) 水环式真空泵；

(5) 游标卡尺、千分尺；

(6) 密封袋、锡纸、滤纸；

(7) 加压浸注/热固化处理罐；

(8) NF333 型手持式分光测色仪；

(9) RGT-20A 电子万能力学试验机(深圳瑞格尔 REGER 仪器有限公司)；

(10) XJ-50G 组合式冲击试验机(河北承德力学试验机有限公司)。

3.2.3　试件制备与性能检测方法

3.2.3.1　浸注和固化处理

将精加工的枫木单板检测试件编号后，做好宽度和颜色测试标记线(宽度及颜色检测用同一块试件)，放到 105℃烘箱中，干燥 3h(含水率达到 2%左右)。然后取出称量试件质量记为 M_0、测量试件宽度方向尺寸 A_0 及试件颜色(L_0^*、a_0^*、b_0^*)，做好记录。然后将试件放到抽滤瓶中，用水环式真空泵抽真空 30min，真空度为–0.09MPa。靠真空度将浸注液吸入抽滤瓶中，并继续抽真空 10min，然后将抽滤瓶内真空去除，保持常压浸注 24h。24h 后取出试件，迅速用滤纸吸干试件表面残留液体，称量试件质量 M_1、测量试件宽度方向尺寸 A_1，然后用锡纸包好试件，放到处理罐中，在氮气保护下固化。固化时，罐内压力 0.15MPa，温度(85±5)℃，固化时间为 5h。取出固化后的试件，剥去锡纸，称量试件质量记为 M_2，测量试件宽度方向尺寸 A_2 和颜色(L_1^*、a_1^*、b_1^*)，做好记录。工艺流程：试件干燥→抽真空处理→常压浸注→锡纸包覆→氮气保护→加压→加热固化。抽真空 30min，常压浸注 24h 是为了使浸注液能更加均匀的分散在木材中，减少由于浸注处理工艺对性能检测数据的影响，从而更好地分析浸注液组分影响。

3.2.3.2　评价指标

浸注单体后聚合前单板的增重率公式如式(3-1)：

$$WPG_{单} = \frac{W_1 - W_0}{W_0} \times 100\% \tag{3-1}$$

其中：$WPG_{单}$——单板中浸注单体后增重率，%；

　　　W_1——浸注未聚合材试件质量，g；

　　　W_0——未处理材试件质量，g。

浸注单体聚合后单板的增重率即单体留存率(简称聚合增重率)公式如式 (3-2)：

$$PL_{聚} = \frac{W_2 - W_0}{W_0} \times 100\% \tag{3-2}$$

其中：$PL_{聚}$——浸注单体聚合后单板的增重率，%；

　　　W_2——浸注聚合材试件质量，g；

　　　W_0——未处理材试件质量，g。

浸注单体后固化前宽度变化率公式如式(3-3)：

$$A_{单} = \frac{A_1 - A_0}{A_0} \times 100\% \tag{3-3}$$

其中：$A_{单}$——浸注单体后宽度变化率，%；

　　　A_1——浸注未聚合材试件宽度，mm；

A_0——未处理材试件宽度，mm。

浸注单体固化后宽度变化率公式如式(3-4)：

$$A_固 = \frac{A_2 - A_0}{A_0} \times 100\%$$ 　　　　　　(3-4)

其中：$A_固$——浸注单体固化后宽度变化率，%；

　　　　A_2——浸注聚合材试件宽度，mm；

　　　　A_0——未处理材试件宽度，mm。

3.2.3.3　泡水尺寸和质量检测

尺寸稳定性每组配方检测试件个数为 30 块。考虑到试验使用的处理材——单板本身较薄，而且木材的纵向尺寸稳定性较好，所以用测定处理材宽度变化率来表征材料的尺寸稳定性。取制备好的枫木单板塑合木试件 20 块[选取固化聚合增重率在(55±2)%范围内]放到恒温恒湿箱中(温度 20℃，湿度 65%)平衡 2 天，取出试件，测量质量 M_0 和宽度 A_0。然后将试件放到 20℃的恒温水浴锅中(使用去离子水)浸泡样本，定时取出试件，用滤纸拭干试件表面水分，测量试件的质量 M_n 和宽度尺寸 A_n(n=0.5h、1.5h、2.5h、4.5h、8.5h、24.5h、300h)。

枫木单板塑合木试件泡水质量、宽度尺寸变化率计算按公式(3-5)和公式(3-6)进行：

$$RWA_n = \frac{M_n - M_0}{M_0} \times 100\%$$ 　　　　　　(3-5)

其中：RWA_n——试件泡水 n 小时的质量变化率，%；

　　　　M_n——试件泡水 n 小时的质量，g；

　　　　M_0——试件泡水前质量，g。

$$K_n = \frac{A_n - A_0}{A_0} \times 100\%$$ 　　　　　　(3-6)

其中：K_n——试件泡水 n 小时的宽度变化率，%；

　　　　A_n——试件泡水 n 小时的宽度，mm；

　　　　A_0——试件泡水前宽度尺寸，mm。

3.2.3.4 颜色检测

颜色检测，每组配方试件为 30 块，且 30 块试件从同一张单板上截取。固化前后直接进行颜色检测，取聚合增重率在(55±2)%范围内的 20 块试件颜色数据进行分析。

采用 NF333 型手持式分光测色仪直接测量试件的 L^*、a^*、b^*色度学参数，通过公式计算出红绿轴色品指数差Δa^*，黄蓝轴色品指数差Δb^*，色饱和度差ΔC^*，总体色差ΔE^*，色调差ΔH^*，明度差ΔL^*。用以评价塑合木材料制备前后颜色变化情况。

3.2.3.5 力学性能检测

力学强度检测，每组配方试件为 30 块，且 30 块试件从同一张单板上截取。取聚合增重率在(55±2)%的 20 块试件，将试件放到恒温恒湿箱中(温度 20℃，相对湿度 60%)平衡 2 天，用于力学性能检测。

① 抗弯强度和抗弯弹性模量：按照 ASTM 标准塑料弯曲试验标准 D790-03 规定的方法进行测试，测试仪器为电子万能力学试验机，跨距是 64mm 和加载速度为 2mm/min。在 20℃ 和 60%相对湿度条件下检测样本的抗弯强度(MOR)和抗弯弹性模量(MOE)。

② 冲击强度：无缺口冲击强度根据国家塑料冲击试验标准 GB/T 16420—1996 进行简支梁摆锤冲击试验，测试仪器为组合式冲击试验机，跨距为 64mm，冲击速度为 2.9m/s，摆锤能量为 2J。

3.3 结果与讨论

浸注液配方及性能评价指标如表 3-1～表 3-3 所示。

表 3-1　浸注液配方(一)

编号	各组分用量/%			性能评价指标/%			
	St	MAH	AIBN	$WPG_单$	$A_单$	$PL_聚$	$A_聚$
1	0	0	0.15	59.04(1.10)	1.99(0.46)	51.45(0.90)	1.44(0.23)
2	0	1	0.15	60.23(1.23)	1.97(0.85)	53.40(1.66)	1.78(0.25)
3	0	3	0.15	59.87(1.92)	1.96(0.56)	52.03(2.10)	1.83(0.32)

续表

编号	各组分用量/%			性能评价指标/%			
	St	MAH	AIBN	$WPG_单$	$A_单$	$PL_聚$	$A_聚$
4	0	5	0.15	59.12(1.38)	2.18(0.47)	51.42(1.17)	2.00(0.32)
5	0	7	0.15	60.19(1.84)	2.25(0.32)	53.59(2.49)	2.11(0.55)
6	0	9	0.15	58.31(1.56)	2.43(0.89)	51.90(1.81)	2.21(0.38)
7	10	0	0.15	61.31(2.14)	1.86(0.86)	53.00(3.22)	1.03(0.48)
8	10	1	0.15	61.97(2.37)	1.82(0.57)	54.81(4.66)	1.14(0.31)
9	10	3	0.15	61.45 (2.94)	1.89(0.35)	55.74(2.33)	1.35(0.58)
10	10	5	0.15	62.29(2.58)	1.87(0.56)	55.78(2.25)	1.48(0.51)
11	10	7	0.15	60.97(2.26)	1.98(0.49)	54.00(3.21)	1.80(0.50)
12	10	9	0.15	61.06(2.37)	2.32(0.52)	53.42(3.94)	2.19(0.55)
13	20	0	0.15	59.88(2.15)	1.88(0.31)	53.12(2.11)	1.28(0.21)
14	20	1	0.15	60.01(2.21)	1.89(0.29)	53.75(2.18)	1.41(0.15)
15	20	3	0.15	60.91(1.89)	1.82(0.26)	54.64(2.10)	1.79(0.17)
16	20	5	0.15	62.12(1.57)	1.91(0.28)	55.47(1.12)	1.78(0.16)
17	20	7	0.15	61.20(2.14)	1.99(0.22)	53.69(2.09)	1.82(0.21)
18	20	9	0.15	60.46(1.92)	2.14(0.30)	53.61(1.00)	1.90(0.15)
19	30	0	0.15	61.03(2.22)	1.86(0.25)	53.87(4.43)	1.32(0.23)
20	30	1	0.15	60.68(2.43)	1.81(0.24)	53.72(2.95)	1.58(0.16)
21	30	3	0.15	60.53(2.26)	1.99(0.26)	53.78(3.01)	1.88(0.22)
22	30	5	0.15	60.24(2.12)	2.32(0.24)	53.64(2.71)	2.11(0.22)
23	30	7	0.15	62.11(2.38)	2.38(0.23)	55.41(4.35)	2.15(0.20)
24	30	9	0.15	59.23(2.51)	2.81(0.27)	51.45(3.94)	2.60(0.35)

注：表中评价指标数值为算术平均值，括号内为标准差。

表 3-2　浸注液配方(二)

编号	各组分用量/%				性能评价指标/%			
	St	MAH	GMA	AIBN	$WPG_单$	$A_单$	$PL_聚$	$A_聚$
1	0	0	3	0.15	59.36(1.23)	0.26(0.21)	55.17(1.21)	1.44(0.19)
2	20	0	3	0.15	58.98(0.98)	0.24(0.28)	54.17(1.20)	1.78(0.17)

续表

编号	各组分用量/%				性能评价指标/%			
	St	MAH	GMA	AIBN	$WPG_单$	$A_单$	$PL_聚$	$A_聚$
3	20	5	1	0.15	60.15(1.32)	0.26(1.31)	55.77(1.16)	1.83(0.09)
4	20	5	3	0.15	57.27(1.27)	0.27(0.29)	54.79(1.37)	2.05(0.12)
5	20	5	5	0.15	58.91(1.19)	0.26(0.16)	55.65(1.28)	2.21(0.20)
6	20	5	7	0.15	60.34(1.14)	0.25(0.34)	56.41(1.25)	2.51(0.16)

注：表中评价指标数值为算术平均值，括号内为标准差。

表 3-3　浸注液配方(三)

编号	各组分用量/%			性能评价指标/%			
	St	MAH	AIBN	$WPG_单$	$A_单$	$PL_聚$	$A_聚$
1	20	5	0.05	59.53(1.24)	0.26(0.29)	52.68(1.29)	1.75(0.24)
2	20	5	0.15	59.91(1.42)	0.27(0.36)	52.80(1.83)	1.72(0.31)
3	20	5	0.25	60.25(1.35)	0.25(0.18)	53.87(1.72)	1.83(0.23)
24	20	5	0.35	60.48(1.38)	0.26(0.23)	54.83(2.03)	1.69(0.25)

注：表中评价指标数值为算术平均值，括号内为标准差。

　　本试验制备的塑合木，以 MMA 单体为主单体，其他药品的用量都是以 MMA 的用量为基准(其中：St 用量是指占 MMA 的质量分数；MAH 的用量是指占 MMA 总质量的质量分数；GMA 的用量是指占 MMA 总质量的质量分数；AIBN 的用量是指占 St 和 MMA 总量的质量分数。)添加的。以下论述部分，如不加特殊说明，其 St、MAH、GMA 和 AIBN 用量都按以上的计算方法添加。

　　对于不同配方制备的塑合木及其未处理木材，为了便于讨论部分的比较说明，其名称采用英文缩写，如表 3-4 所示。

表 3-4　不同处理配方制备的处理材与未处理材的名称缩写参照表

材料	相对应的简写名称
未处理枫木单板	素材-F
MMA+AIBN 制备的枫木单板塑合木	VPC-F-MMA

材料	相对应的简写名称
MMA+St+AIBN 制备的枫木单板塑合木	VPC-F-(MMA+St)
MMA+MAH+AIBN 制备的枫木单板塑合木	VPC-F-(MMA+MAH)
MMA+St+MAH+AIBN 制备的枫木单板塑合木	VPC-F-(MMA+St+MAH)
MMA+St+GMA+AIBN 制备的枫木单板塑合木	VPC-F-(MMA+St+GMA)
MMA+St+MAH+GMA+AIBN 制备的枫木单板塑合木	VPC-F-(MMA+St+MAH+GMA)

3.3.1　不同配方对浸注处理工艺的影响

表 3-1～表 3-3 中还给出了浸注单体固化前后的质量变化率数据(单体增重率、聚合增重率)和宽度变化率数据。分析可以得出：

(1) 相同处理工艺(真空抽提 30min，常压浸注 24h 后)，不同浸注液配方制备的枫木塑合木的单体增重率在 58%～63%，数值较接近，这是由于处理试件为单板相对较薄，而且枫木是渗透性较好的树种，所以不同浸注液配方对试件单体增重率的影响不大。浸注处理试件经固化处理后，其不同浸注液配方的聚合增重率在 51%～56%。可见，浸注处理后试件在操作(称重、测量宽度、包覆锡纸)及固化过程中，都会有损失。由表 3-1 和表 3-2 中数据对比，发现加入 GMA 配方的试件浸注液挥发的量少，用锡纸包覆试件的操作过程中，也观察到配方中加入 GMA 的试件挥发的慢。分析主要原因是在室温下 GMA 单体的挥发性低于 MMA 单体。

(2) 浸注单体处理后试件宽度变化率在 1.8%～2.5%，固化后宽度变化率在 1%～3%。发现 MAH 用量对浸注单体固化宽度变化率有影响，随 MAH 用量的增加浸注单体宽度变化率近似增加，浸注单体固化宽度变化率随之较明显增加。特别是 MAH 用量达到 9%时，宽度变化率增加较明显。分析可能是由于 MAH 是极性物质，与木材有很好的亲和性，从而使得浸注液单体与木材的相容性变好。

3.3.2　不同配方对枫木单板塑合木尺寸稳定性影响

改善塑合木的尺寸稳定性的方法包括：①用极性溶剂使木材预膨胀和/或者使溶剂与单体混合使木材膨胀；②用极性单体使木材膨胀有助于浸入细胞壁；

③使单体与反应型单体相混合(例如 MAH、GMA 和 API 等)与木材发生反应,使木材具有较好的拒水性。

一般来说,塑合木样本的抗胀缩率(ASE)和拒水性(AAE)比未处理材(素材)的更好。研究发现塑合木普遍增加了 ASE 和 AAE 值(Ermeydan et al.,2020;Dong et al.,2020;Baysal et al.,2004;Elvy et al.,1995)。塑合木的尺寸稳定性优于木材是由于进入木材孔隙的聚合物沉积,阻止了细胞壁的收缩相应减少水分的损失。而且,由于聚合物比木材吸湿更小,因此在潮湿的条件下吸收水分的量减少。

本书试验采用加入能与木材羟基反应的单体(MAH 和 GMA),期望改善木材的尺寸稳定性。

3.3.2.1　马来酸酐(MAH)用量对枫木单板塑合木尺寸稳定性的影响

由图 3-3 可以看出,不加 MAH 时制备的枫木塑合木的吸水宽度变化率最大。这主要是由于,不加 MAH 时 VPC-F-MMA 及 VPC-F-(MMA+St)内填充的聚合物为 PMMA 聚合物和 P(MMA-St)共聚物,已有研究发现用乙烯基或丙烯酸基单体浸注木材制备塑合木,表现出了在潮湿条件下的较差的尺寸稳定性,聚合物只是填充于木材孔隙内,并未与木材发生化学键连接,所以不能提高木材的永久尺寸稳定性(Rowell and Ellis,1978)。由图 3-3 还可以观察到,随 MAH 的加入以及其用量的增加,VPC-F-(MMA+St+MAH)的吸水宽度变化率降低,在 MAH 的用量达到 5%时,尺寸稳定性改善最明显。这表明了聚合物分子链和木材细胞壁之间可能已发生化学键连接,导致吸收水分的羟基数量减少。在第 5 章中,这一点经电镜和傅里叶红外分析得到证实,即 MAH 与木材羟基发生反应。当 MAH

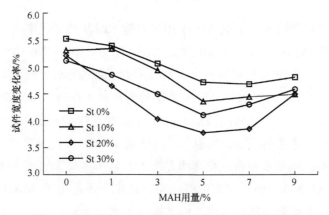

图 3-3　试件吸水 24.5h 宽度随 MAH 和 St 用量的变化

的用量达到 7%时，发现继续增加 MAH 的用量对 VPC-F-(MMA+St+MAH)吸水宽度变化率的影响不大。而当 MAH 的用量达到 9%时，其吸水宽度变化率竟迅速增大，几乎与未加 MAH 的吸水宽度变化率值相当。这主要是由于：当 MAH 用量过多时，其与木材反应后会有残留的酸酐基团，反而增强木材的吸水性。通过上面的分析，确定 VPC-F-(MMA+MAH)和 VPC-F-(MMA+St+MAH)配方中，MAH 用量在 5%时，都达到了宽度变化率最低值。

由图 3-4 中可以看出 MAH 的加入对 VPC-F-(MMA+St+MAH)的吸水质量变化率的影响没有对吸水宽度变化率的影响大。这也正是我们改性木材想要达到的效果，在不改变木材调节环境湿度(吸湿、解吸)优点的前提下，改善木材的尺寸稳定性。当 MAH 用量达到 9%时，其 VPC-F-(MMA+St+MAH)的吸水质量变化率与未加 MAH 的数值相当。分析其原因，当 MAH 用量过高时，存在未反应吸水基团酸酐基，导致吸水增加。

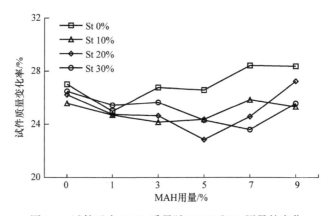

图 3-4　试件吸水 24.5h 质量随 MAH 和 St 用量的变化

图 3-5 为试件吸水宽度随 MAH 用量及泡水时间的变化率图，图 3-6 为试件吸水质量随 MAH 及泡水时间的变化率图，图 3-5 和图 3-6 中所有配方的 St 用量均为 20%。由图 3-5 可以看出，所有配方制备的塑合木吸水宽度变化率均随时间的增加而增大。并且，所有配方制备的塑合木在泡水 0.5h 时，其吸水宽度变化率数值接近，分析其原因是木材细胞腔和细胞壁内被填充聚合物，短时间内水分进入木材受到抑制。当泡水时间达到 1.5h 时，发现未加入 MAH 制备的 VPC-(MMA+St)吸水宽度变化率明显增大，且明显高于加入 MAH 后制备的 VPC-(MMA+St+MAH)的吸水宽度变化率。这主要还是由于 MAH 与木材的化学键结合，增强了聚合物与木材之间的链接，水分不能进入。随泡水时间的延

长，加入 MAH 制备的 VPC-(MMA+St+MAH)的吸水宽度也出现明显变化，泡水 24.5h 后，吸水宽度变化率达到最大值，继续泡水 300h 后，吸水宽度变化率接近不变。说明制备的塑合木泡水 24.5h 接近饱和。

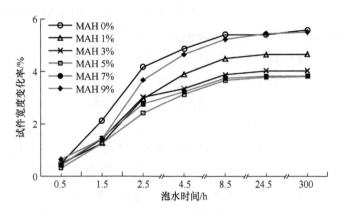

图 3-5　试件吸水宽度随 MAH 用量和泡水时间的变化

由图 3-6 试件吸水质量随 MAH 用量及泡水时间的变化率图中还可以观察到，随泡水时间的延长，其塑合木吸水质量变化率变大，泡水达到 300h，不同配方制备塑合木材料的吸水质量变化率接近。

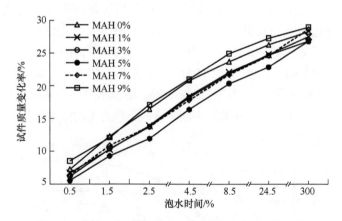

图 3-6　试件吸水质量随 MAH 用量和泡水时间的变化

3.3.2.2　苯乙烯(St)用量对枫木单板塑合木尺寸稳定性的影响

由图 3-3 中还可以观察到，VPC-F-(MMA+St)的吸水宽度变化率比 VPC-F-MMA 的低，并且随 VPC-F-(MMA+St)中 St 的用量的增加其吸水宽度变化率降低。分析这可能由于 MMA 单体聚合时收缩率较大，而加入 St 后可缓解其收缩，从而改善了聚合物与木材细胞壁的连接状态，使得聚合物与木材细胞壁之间孔隙减少，连接更紧密。从图 3-3 中观察到，随 St 用量的增加，VPC-F-(MMA+St+MAH)塑合木的吸水宽度变化率先降低，当 St 用量为 20%，降到最低，而后又升高。分析这主要是由于聚合体系是在主单体 MMA 中加入 MAH 和 St 后，聚合反应变为为三元单体的共聚反应。MAH 与 St 反应的活性高，它们的用量对反应产物的结构影响较大，影响了聚合物与木材的连接情况，从而影响了塑合木的吸湿性能。通过上面的分析，确定 VPC-F-(MMA+St)配方中 St 用量为 30%时吸水宽度变化率为最低；VPC-F-(MMA+St+MAH)配方中 St 用量为 20%时吸水宽度变化率为最低。

由图 3-4 中还可以观察到，VPC-F-(MMA+St)的吸水质量变化率比 VPC-F-MMA 的低，并且随 VPC-F-(MMA+St)中 St 的用量的增加其吸水质量变化率降低。当加入 MAH5%时，VPC-F-(MMA+St+MAH)的吸水质量变化率最低值的 St 用量为 20%。

图 3-7 为枫木单板塑合木试件泡水后，其吸水宽度随 St 用量及泡水时间的变化率图，图 3-8 为试件吸水质量随 St 用量及泡水时间的变化率图，图 3-7 和图 3-8 中所有配方的 MAH 用量均为 5%。由图 3-7 也观察到所有配方制备的塑合木吸水宽度变化率均随时间的增加而增大。并且，所有配方制备的塑合木在泡水 0.5h 时，其吸水宽度变化率数值接近，分析这是由于木材内填充聚合物，短时间内水分进入木材受到抑制。随泡水时间的延长，当泡水时间达到 24.5h 后，吸水宽度变化率达到最大值，继续泡水 300h 后，测量吸水宽度变化率接近不变。说明制备的塑合木泡水 24.5h 接近饱和。由图 3-8 试件吸水质量随 St 用量及泡水时间的变化率图中还可以观察到，随泡水时间的延长，其塑合木吸水质量变化率变大，泡水达到 300h，不同配方制备塑合木的吸水质量变化率接近。

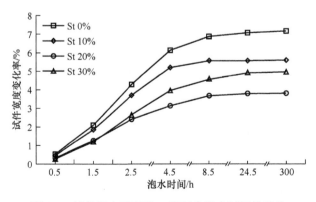

图 3-7　试件吸水宽度随 St 用量和泡水时间的变化

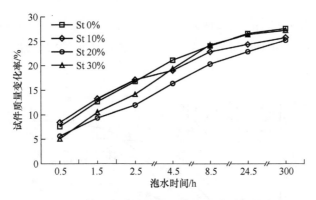

图 3-8　试件吸水质量随 St 用量和泡水时间的变化

3.3.2.3　甲基丙烯酸缩水甘油酯(GMA)用量对枫木单板塑合木尺寸稳定性的 影响

图 3-9 为不同 GMA 用量制备的枫木单板塑合木吸水宽度尺寸随时间的变 化率图，其中所有配方 GMA 用量均是在 St/MMA=20%的基础上添加。因为根 据参考大量的文献报道加入 GMA 可明显改善塑合木尺寸稳定性。从图 3-9 中 可以观察到，加入 GMA 制备的 VPC-F-(MMA+St+GMA)的吸水宽度变化率均 比 VPC-F-(MMA+St)要高，并且加入 GMA 后，VPC-F-(MMA+St+GMA)的吸 水宽度变化率随 GMA 用量的增加先减小后增大，用量在 2%时出现最小值。

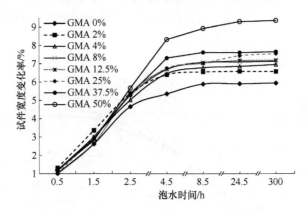

图 3-9　最优配方制备的试件吸水宽度随 GMA 用量和泡水时间的变化

图 3-10 为不同配方制备的枫木单板塑合木吸水宽度尺寸随时间的变化图。 从图 3-10 可以观察到，VPC-F-(MMA+St+MAH+GMA)的宽度变化率比不加 GMA 的 VPC-F-(MMA+St+MAH)的大。试验对 St 和 GMA 单体以不同配比制

备的 VPC-F-(St+GMA)的宽度吸水变化做了研究，但从试验结果看，尺寸稳定性改善效果不佳。由于时间及工作量原因，本书对于 GMA 加入对配方不做深入研究。

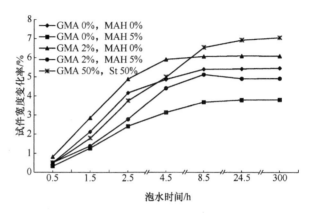

图 3-10　不同配方制备的试件吸水宽度随 GMA 用量和泡水时间的变化

3.3.2.4　偶氮二异丁腈(AIBN)用量对枫木单板塑合木尺寸稳定性的影响

通过前面的分析，我们得到在 MMA 中最优的 St(20%)与 MAH(5%)的用量，下面以此配方为基础，探讨引发剂用量对枫木单板塑合木尺寸稳定性的影响。图 3-11 为引发剂用量对吸水宽度变化率影响。从图 3-11 中可以观察到，随引发剂用量的增加，塑合木的宽度变化率先减小后增大。当引发剂 AIBN 用

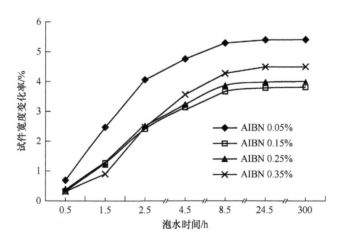

图 3-11　试件吸水宽度随 AIBN 用量和泡水时间的变化

量在 0.05%时，制备的塑合木的宽度变化率最大。分析这是由引发剂用量不够，聚合不充分，导致聚合物与木材连接不紧密。随引发剂量继续增加，达到 0.35%时，塑合木的吸水宽度变化率反而增加。原因可能是，加入引发剂过量，会导致链增长和链终止速度加快，从而使生成的聚合物分子量减小，影响聚合与木材的连接。当引发剂用量达到 0.15%~0.25%时，塑合木的吸水宽度变化率最小，可达到理想的效果。

3.3.3　不同配方对枫木单板塑合木颜色的影响

颜色是木材表面视觉性质中最为重要的物理特征，而且直接与木制品以及室内环境的质量评定密切相关(刘一星等，2007)。本试验中制备的塑合木，在尽量不破坏木材的天然美感前提下，通过颜色测量分析对配方及配比进行优化。由表 3-5 和表 3-6 可以看出：

(1) 枫木单板塑合木的明度差ΔL^*均为负值，说明处理后其明度均降低了。这可能主要是由填充聚合物后，使得木材对光线的折射产生影响，使得木材明度变差。并且，随 MAH 和 St 用量的增加，明度差ΔL^*的绝对值增大。分析这主要是由于随 MAH 和 St 用量的增加，生成聚合物透明性变差，影响了材料的最终明度。

表 3-5　MAH 用量对枫木单板塑合木颜色的影响

MAH 用量/%		色度学参数					
		ΔL^*	Δa^*	Δb^*	ΔC^*	ΔE^*	ΔH^*
0	算术平均值	−12.43	2.55	−0.85	0.83	12.80	2.55
	变异系数	0.15	0.29	0.08	1.75	0.21	0.26
1	算术平均值	−12.49	2.54	−0.02	0.80	11.79	2.66
	变异系数	0.09	0.32	0.99	1.06	0.25	0.34
3	算术平均值	−13.71	5.06	−1.17	0.75	14.90	5.31
	变异系数	0.08	0.11	0.54	0.94	0.07	0.13
5	算术平均值	−16.48	6.91	−1.61	1.28	18.56	7.31
	变异系数	0.10	0.16	0.89	0.89	0.10	0.18
7	算术平均值	−17.10	7.18	−2.26	1.89	18.64	7.48
	变异系数	0.12	0.16	0.44	1.75	0.12	0.16

MAH 用量/%		色度学参数					
		ΔL^*	Δa^*	Δb^*	ΔC^*	ΔE^*	ΔH^*
9	算术平均值	−17.85	7.38	−2.36	1.91	19.50	7.70
	变异系数	0.14	0.21	0.38	0.76	0.38	0.28

注: St 用量 20%, AIBN 用量 0.15%。

表 3-6　St 用量对枫木单板塑合木颜色的影响

St 用量/%		色度学参数					
		ΔL^*	Δa^*	Δb^*	ΔC^*	ΔE^*	ΔH^*
0	算术平均值	−16.33	6.16	−1.96	0.51	17.72	6.46
	变异系数	0.07	0.21	0.53	2.99	0.07	0.16
10	算术平均值	−16.65	7.94	−3.05	0.60	18.13	8.59
	变异系数	0.12	0.9	0.32	2.33	0.09	0.08
20	算术平均值	−16.70	7.00	−1.61	1.28	18.26	6.97
	变异系数	0.08	0.10	1.00	1.17	0.08	0.15
30	算术平均值	−17.10	7.74	−1.65	1.50	18.63	7.80
	变异系数	0.09	0.06	0.34	0.39	0.05	0.04

注: MAH 用量 5%, AIBN 用量 0.15%。

(2) 枫木单板塑合木的红绿轴色品指数差 Δa^* 值均为正值，说明木材颜色向红色变化。并随 MAH 用量的增加 Δa^* 逐渐增大，分析这主要是由于 MAH 的酸酐基团遇到木材中的水分(虽然木材已经烘干，但是没有达到绝干，而且考虑到实际工业化生产，不易烘至绝干)变为酸性物质，木材遇酸性物质会显红色(李坚，2006)。而未加入 MAH 的，Δa^* 值也出现增大。考虑可能是由于制备过程中的长时间加热处理，引起木材产生热变色。MAH 用量低于 5% 时，木材颜色变化肉眼下几乎分辨不出来。其实，在不降低木材力学性能的前提下，颜色变红是可以接受的。因为红色是暖色调，为可以接受的颜色，并可提高木材的档次。

(3) 枫木单板塑合木的 Δb^* 值均负值，说明木材颜色向蓝色变化。

(4) 随 MAH 用量的增加，枫木单板塑合木的总体色差 ΔE^*、色饱和度差 ΔC^* 和色调差 ΔH^* 均增加。这可能主要是聚合物填充木材胞腔引起的。

3.3.4 不同配方对枫木单板塑合木力学性能的影响

对于任何材料，无论是结构材料还是功能材料，力学性能的优良能够评价材料性能的好坏并且是材料最基本的性能之一。用单体制造塑合木可以改善木材的物理力学性能(Mathias et al., 1991)。下面探讨配方对枫木单板塑合木材料力学性能的影响。

表 3-7～表 3-9 给出了不同浸注液配方制备的枫木单板塑合木的抗弯强度、抗弯弹性模量和冲击强度的数值。

表 3-7 MAH 用量对枫木单板塑合木力学性能的影响

项目		抗弯强度		抗弯弹性模量		冲击强度	
		均值(标准差)/MPa	提高/%	均值(标准差)/GPa	提高/%	均值(标准差)/(kJ/m²)	提高/%
MAH 用量/%	0	192.34(7.78)	6.63	13.68(0.75)	0.07	17.98(3.18)	32.76
	1	200.99(10.46)	11.43	13.75(0.25)	0.59	18.48(2.84)	36.45
	3	210.77(22.88)	16.85	14.15(1.25)	3.15	19.64(5.08)	45.02
	5	217.87(15.48)	20.79	14.79(1.34)	8.19	26.25(2.69)	93.82
	7	216.89(22.08)	20.25	14.73(2.16)	7.75	24.51(4.31)	72.85
	9	215.91(8.24)	19.70	14.67(1.34)	7.32	18.75(5.01)	38.44
枫木素材		180.37(5.44)	—	13.67(2.66)	—	14.18(2.97)	—

注：1) 表中抗弯强度、抗弯弹性模量和冲击强度的提高量均为相对于素材-F 而言的。

2) St 用量 20%，AIBN 用量 0.15%。

表 3-8 St 用量对枫木单板塑合木力学性能的影响

项目		抗弯强度		抗弯弹性模量		冲击强度	
		均值(标准差)/MPa	提高/%	均值(标准差)/GPa	提高/%	均值(标准差)/(kJ/m²)	提高/%
St 用量/%	0	200.62(8.64)	11.58	14.43(1.35)	0.63	16.11(4.19)	15.65
	10	214.20(16.15)	19.13	14.71(1.85)	2.58	19.38(2.32)	39.12
	20	220.87(6.46)	22.84	15.34(0.62)	6.97	26.46(9.89)	89.95
	30	209.74(8.83)	16.65	14.91(0.65)	3.97	24.13(4.31)	73.22
枫木素材		179.80(5.37)	—	14.34(1.78)	—	13.93(2.84)	—

注：1) 表中抗弯强度、抗弯弹性模量和冲击强度的提高量均为相对于素材-F 而言的。

2) MAH 用量 5%，AIBN 用量 0.15%。

表 3-9　AIBN 用量对枫木单板塑合木力学性能的影响

项目		抗弯强度		抗弯弹性模量		冲击强度	
		均值(标准差)/MPa	提高/%	均值(标准差)/GPa	提高/%	均值(标准差)/(kJ/m²)	提高/%
AIBN 用量/%	0.05	188.97(10.18)	4.23	14.63(1.53)	0.64	16.28(7.80)	28.90
	0.15	222.87(9.46)	22.93	15.84(0.42)	4.79	24.45(3.51)	93.62
	0.25	236.16(7.59)	30.26	16.29(0.65)	7.76	25.78(7.33)	104.15
	0.35	230.12(11.17)	26.93	15.50(1.31)	2.54	20.94(5.18)	65.86
枫木素材		181.30(5.43)	—	15.12(0.70)	—	12.63(5.04)	—

注：1) 表中抗弯强度、抗弯弹性模量和冲击强度的提高量均为相对于素材-F 而言的。

　　2) MAH 用量 5%，St 用量 20%。

3.3.4.1　马来酸酐(MAH)用量对枫木单板塑合木力学性能的影响

由表 3-7 可知，当不加入 MAH 时，VPC-F-(MMA+St)与素材相比抗弯强度提高了 6.63%，有轻微改善，而抗弯弹性模量与素材相当，这与相关报道的结论接近(Yildiz，1994)。VPC-F-(MMA+St)的抗弯强度和素材相比有所增加，主要是由于聚合物的存在明显使木材的细胞变硬，足够阻止在压缩载荷下的弯曲(Yalinkilic et al.，1999；Schneider et al.，1990)。加入 MAH 后，随 MAH 用量的增加，其 VPC-F-(MMA+St+MAH)的抗弯强度和弹性模量数值与素材相比明显增加。在 MAH 用量为 5%时，抗弯强度和弹性模量数值分别提高率为20.79%和 8.19%，达到最值。由表 3-7 还可以观察到，VPC-F-(MMA+St+MAH)的冲击强度与素材相比改善的较明显。随 MAH 用量的增加，其 VPC-F-(MMA+ St+MAH)的冲击强度增大，在 MAH 用量为 5%时出现极值，与素材相比提高率为 93.82%。加入 MAH 后，枫木单板塑合木的抗弯强度、弹性模量和冲击强度数值与素材相比有所增加，这种现象归因于 MAH 与 MMA、St 生成的聚合物与木材纤维有更好的结合(这将在第 4 章得到证实)，使得 VPC-F-(MMA+St+MAH)中聚合物与木材连接更紧密，从而改善了木材的性能。除了聚合物与木材纤维素之间可能形成的化学作用外，聚合物填充于木材的毛细管和孔隙间，起了复合强化作用，从而也使得 VPC-F-(MMA+St+MAH)能得到改善。而 MAH 用量过多，抗弯强度、弹性模量和冲击强度的数值反而下降，分析其原因可能是由于 MAH 与 St 的反应影响了聚合产物的性能。当 MAH 用量过多时，生成聚合物含有多余未反应的酸酐基团，会吸湿空气中的水蒸气，影响聚合物与木材的连接紧密程度，从而影响了制备的塑合木的力学性能。

3.3.4.2　苯乙烯(St)用量对枫木单板塑合木力学性能的影响

由表 3-8 可以观察到，VPC-F-(MMA+MAH)与素材相比抗弯强度提高率为
11.58%，而抗弯弹性模量仍与素材相当。随 St 用量的增加，其 VPC-F-
(MMA+St+MAH)的抗弯强度和弹性模量数值与素材相比明显增加。在 St 用量
为 20%时，抗弯强度和弹性模量数值提高率为 22.84%和 6.97%，达到最值。St
加入到 MMA 中，制备的塑合木改善了木材的弯曲强度和弹性性质。而 St 用量
过多，抗弯强度和弹性模量数值反而下降，这可能是由于在 MAH 和 AIBN 用
量一定的条件下，随 St 用量的增加，其聚合反应需要的时间延长，在相同反应
时间条件下，单体的转化率相对降低，可能造成塑合木中聚合物与木材的连接
紧密程度降低。且随 St 用量的增加，聚合物分子量分布变宽，影响了塑合木的
力学性能。

由表 3-8 还可以观察到，随 St 用量的增加，VPC-F-(MMA+St+MAH)塑合
木的冲击强度提高的较明显，在 St 用量为 20%时出现极值，其冲击强度与素
材相比提高率为 89.95%。这主要是由于 MMA 体系中添加适量的 St，使
PMMA 主链上引入大体积基团的取代基，侧基体积的大小对高分子链的柔顺性
影响很大。侧基体积愈大，空间位阻愈大，对链的内旋转愈不利，使链的刚性
增加，聚合物的冲击强度提高。MMA 与 St 共聚，随 St 用量的增加，聚合物
的冲击强度大幅度提高(杨朝明和陈剑楠，2005；浦鸿汀等，1998)。而 St 用量
过多，冲击强度数值反而下降，这可能是由于在 MAH 和 AIBN 用量一定的条
件下，随 St 用量的增加，其聚合反应需要的时间延长，在相同反应时间条件
下，聚合物分子量分布变宽，影响了塑合木的力学性能。

3.3.4.3　偶氮二异丁腈(AIBN)用量对枫木单板塑合木力学性能的影响

在聚合时，加入的 AIBN 引发剂分消耗和残留两部分。消耗部分系通过一
级分解形成自由基，大部分引发单体聚合，成为大分子的端基；另一部分则可
能与阻聚物质作用，没有起到引发作用，残留部分则指未分解部分。

由表 3-9 可以观察到，随 AIBN 用量的增加，其 VPC-F-(MMA+St+MAH)
的抗弯强度和弹性模量数值与素材相比明显增加。在 AIBN 用量为 0.05%时，
抗弯强度和弹性模量数值提高率为 4.23%和 0.64%；在 AIBN 用量为 0.25%
时，抗弯强度和弹性模量数值提高了 30.26%和 7.76%，达到最值；而 AIBN 用
量继续增加达到 0.35%时，抗弯强度和弹性模量数值提高率为 26.93%和 2.54%，

与 AIBN 用量为 0.25%相比反而下降。随 AIBN 用量的增加，VPC-F-(MMA+St+MAH)的冲击强度，在 AIBN 用量为 0.25%时出现极值，与素材相比其冲击强度提高率为 104.15%。分析这主要是由于，当 AIBN 用量在 0.05%时，由于其用量太少，产生的活性自由基相对较少，使得聚合反应不够充分，影响了聚合物的性能。随 AIBN 用量的增加，聚合反应充分，并在用量达到 0.25%性能最优。但当 AIBN 用量过多时，性能反而下降，主要由于 AIBN 过量，使得反应剧烈，生成的聚合物分子量小，影响了塑合木的力学性能。

3.4　本　章　小　结

(1) 采用相同浸注处理工艺(真空抽提 30min，常压浸注 24h 后)，不同浸注液配方，制备的枫木单板塑合木的单体增重率在 58%～63%，聚合增重率在 51%～56%。浸注单体后试件宽度变化率在 1.8%～2.5%，固化后宽度变化率在 1%～3%。随 MAH 用量的增加，浸注单体固化后宽度变化率近似增加，这是由于 MAH 是极性物质，与木材有很好的亲和性。

(2) 所有配方制备的枫木单板塑合木均在泡水时间达到 24.5h 后，吸水宽度变化率达到最大值，继续泡水 300h 后，测量吸水宽度变化率接近不变，达到饱和。配方中当 MAH 用量为 5%，St 用量为 20%，AIBN 用量在 0.15%～0.25%时，制备的 VPC-F-(MMA+St+ MAH)泡水宽度变化率达到了最低值。

(3) VPC-F-(MMA+St+MAH)的明度降低，木材颜色向红蓝方向变化，并且，随 MAH 用量的增加，明度差ΔL^*的绝对值增大，红绿轴色品指数Δa^*增大，总体色差ΔE^*、色饱和度差ΔC^*和色调差ΔH^*也均增大。MAH 用量低于 5%时，肉眼几乎分辨不出木材颜色的变化。

(4) VPC-F-(MMA+St+MAH)配方中，MAH 用量为 5%，St 用量为 20%，AIBN 用量为 0.25%时，制备的 VPC-F-(MMA+St+MAH)相对枫木素材，抗弯强度、抗弯弹性模量和冲击强度提高的数值最大，分别达到了 30.26%、7.76%和 104.15%。VPC-F-(MMA+St+MAH)的性能得到改善，除了聚合物填充于木材的毛细管和孔隙间，起了复合强化作用外，聚合物与木材纤维素之间形成的化学作用，从而增强了塑合木的力学性能。

(5) 通过试验检测抗水尺寸稳定性、颜色及力学性能优化出最优配方为：以 MMA 为主单体(其他单体用量以 MMA 用量为基准)，St 用量为 20%，MAH 用量为 5%，AIBN 用量为 0.25%。

第4章　枫木单板塑合木制备工艺的研究

4.1　引　　言

选用试验室自行研制的真空、加压浸注/热固化处理罐(王清文等，2007)制备枫木单板塑合木。真空、加压浸注/热固化处理罐的优点为：将真空加压浸注罐和加热固化罐合二为一，木材的浸注处理与加热固化过程在隔绝大气条件下，在同一设备(真空加压浸注和/或热固化罐，简称处理罐)中实现，浸注处理后的木材不需要移出处理罐，便可在高压惰性气体保护下进行加热固化处理，这样不仅可有效避免树脂单体挥发带来的环境污染和可燃气体爆炸的问题，同时还可有效抑制热固化过程中，因树脂单体气化造成木材内部树脂单体留存率降低的问题，尤其是为回收部分气化的树脂单体创造了有利条件。此外还能完全避免氧的阻聚作用，大幅度地提高了树脂单体的有效利用率，确保了聚合固化过程顺利进行。塑合木产品的质量尤其是表面质量明显提高，不会出现塑合木表面发黏现象，节约了浸注处理后木材转移相关工序所需时间(约占整个浸注及固化周期的30%左右)，设备的生产效率比现有技术明显提高。

塑合木处理的效果受到处理木材的结构、抽真空处理的真空度和时间、加压浸注处理的压力和时间、聚合的温度和时间以及注入单体种类等因素的综合影响。因此，本章针对枫木的木材性质，依据第3章确定的最优浸注液配方，使用真空、加压浸注/热固化处理罐，探讨处理工艺参数与处理效果的关系，以获得较为理想的枫木塑合木制备工艺。

4.2　试　　验

4.2.1　试验材料

(1) 枫木单板：试验用枫木单板为上海伟佳工厂提供，含水率在7%左右。单板尺寸为 1250mm×130mm×2.2mm(纵向×弦向×径向)，将其在 103℃下干燥

3h 至含水率在 5%以下，备用。

(2) 浸注单体：如第 3 章表 3-2 所示。

(3) 浸注液配方：按第 2 章优化的配方配制浸注液，以 MMA 为主单体，St 用量为 20%，MAH 用量为 5%，AIBN 用量为 0.25%。

4.2.2 试验仪器与设备

(1) 塑合木生产用真空加压浸注和/或热固化处理罐(图 4-1)，课题组自行设计，由沈阳维科真空技术有限公司加工生产；

(2) 蒸汽发生器，上海华征热能设备有限公司；

(3) 真空泵，台州市海门真空设备有限公司；

(4) 缓冲罐，课题组自行设计，沈阳维科真空技术有限公司加工；

(5) 单板架，自行设计，沈阳维科真空技术有限公司加工；

(6) 集液板，自行设计，沈阳维科真空技术有限公司加工；

(7) 普通钢瓶氮气。

塑合木生产用真空加压浸注和/或热固化处理罐是本试验所用的主体设备。

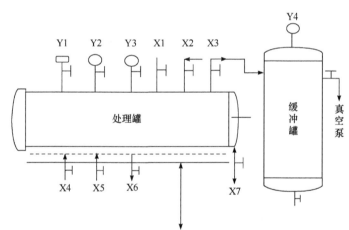

X1：排空阀；X2：加热阀；X3：真空阀；X4：蒸汽进口；X5：冷却水进口；
X6：蒸汽、冷却水出口；X7：浸注液进出口；
Y1：安全阀；Y2：压力表；Y3：真空表；Y4：真空表

图 4-1 塑合木生产用真空加压浸注和/或热固化处理罐示意图

4.2.3 枫木单板塑合木的制备工艺

枫木单板塑合木制备工艺步骤如图 4-2 所示(王清文等，2007)。

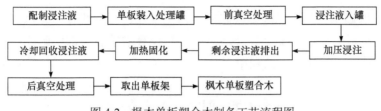

图 4-2　枫木单板塑合木制备工艺流程图

(1) 配制浸注液：在储液桶中按照设计的配方配制所需的浸注液。将储液桶放在电子秤上，以方便浸注液质量的计量。

(2) 单板装入处理罐：将干燥后的枫木单板称重，放置于专门的单板架上，各块单板之间由架子的钢筋隔开，使各单板之间留有空隙。

(3) 前真空处理：将装好枫木单板的单板架放入处理罐中，关上快开门，抽真空至-0.1MPa 并保持一定时间，关闭真空阀门。

(4) 浸注液入罐：在真空下吸入配制的浸注液，并保证液面高于单板上端 5mm(根据罐容积、单板及框架的体积、浸注液吸入量计算液面水平高度)。如果因真空度不够高或者木材中空气抽出不足而使液面达不到要求，可适当补加真空。

(5) 加压浸注：浸注处理采用钢瓶氮气加压，当压力达到需要数值后，关闭氮气，保压浸注一定时间。

(6) 排出剩余的浸注液：根据容器和阀门情况适当排放罐内氮气来降压，将处理液排到储液桶中，称重，计算注入单板中浸注液的质量。

(7) 加热固化：用氮气调整罐内压力至一定的数值，用蒸汽发生器提供的蒸汽加热夹套，罐内温度达到 60～65℃后，关闭热源。然后，通过调节热源温度和加热时间控制罐内温度，保证罐内温度在试验需要的范围内。热固化过程中，采用间歇式的方法，及时将从单板里排出的浸注液通过阀门排出罐外，并回收至储液桶内(可与浸注剩余液合并，循环使用)，称量排出液体的质量。当罐内不再有液体排出时，再继续保温一段时间后停止加热，自加热开始至停止加热的时间，记为固化时间。

(8) 冷却回收浸注液：通自来水冷却处理罐至室温，大部分汽化的单体在处理罐的内壁冷凝，回收至储罐，称重。根据各个步骤回收浸注液的质量和总质量，计算单板的总聚合增重率、热固化时浸注液的排出率、单体汽化及其回收率。

(9) 后真空处理：处理罐卸压，然后抽真空(真空度在-0.09MPa 以上) 10min，以除掉吸附在单板上的单体。

(10) 取出单板架：恢复处理罐内压力至常压，打开快开门，取出单板架，测量每块单板的质量，计算聚合增重率，并计算增重总量即实际使用的浸注液的质量，计算出浸注单体的利用率。

4.3　结果与讨论

4.3.1　枫木单板塑合木制备工艺的表征

枫木单板塑合木中单体聚合后的质量增加率即聚合增重率(单体留存率，$PL_{聚}$)一直是塑合木品质好坏评价的主要因素，一般来说注入木材的单体越多，则聚合增重率越高，形成的木塑复合材料的物理力学性质就越好，因此聚合增重率是塑合木制备工艺的最直观的表征。聚合增重率的计算公式如第 3 章公式(3-3)。

考虑到单板本身尺寸较薄，对其处理后再粘贴到地板基材上或其他场合使用，这已经降低了其成本。故为了得到更好的处理效果，试验采用满细胞法，通过加压浸注/热固化处理制备枫木塑合木。

4.3.2　枫木单板塑合木制备工艺中主要影响因素的研究

枫木单板塑合木制备工艺中的重要因素包括：前真空时间、浸注处理的压力与时间、加热固化的温度及时间。下面将讨论这几个因素对制备的枫木单板塑合木的聚合增重率的影响，确定这几个因素的数值。

4.3.2.1　前真空处理时间的确定

首先固定加压浸注处理的压力和时间、补压阶段的压力，加热聚合的温度和时间，通过改变前真空时间来确定其对浸注工艺的影响，由聚合增重率来表征。

表 4-1　真空时间与枫木单板塑合木聚合增重率的关系

编号	前真空时间/min	浸注阶段压力/MPa	加压时间/min	补压阶段压力/MPa	$PL_{聚}$/%
1	5	1.0	30	0.5	45.6(2.74)
2	10	1.0	30	0.5	54.2(2.26)
3	15	1.0	30	0.5	53.7(2.32)
4	30	1.0	30	0.5	54.8(2.18)

注：表中评价指标聚合增重率数值为算术平均值，括号内为标准差。

前真空处理的目的：①排出单板孔隙中的空气，使浸注液单体能够更加容易地浸入单板；②减少在加热固化过程中因气体膨胀而携带浸注液溢出木材，提高单板塑合木的聚合增重率；③排出单板及处理罐内的空气，减少聚合时空气中氧气对浸注单体聚合的阻聚。理论上讲，真空度越大，越有利于浸注，但真空度过高能耗高且对设备不利，因此使用−0.1MPa 真空度，并且在整个前真空过程中保持不变。从表 4-1 可以看出，对于枫木单板来说，前真空时间 10min 其聚合增重率就可以达到 54.2%，再延长前真空时间，其聚合增重率变化并不明显，因此延长前真空时间对塑合木增重来说并无太大意义。分析这主要是由于浸注处理的木材为单板，尺寸相对较薄，而且枫木本身渗透性较好，易于浸注处理。因此确定制备工艺中前真空时间为 10min。

4.3.2.2　浸注处理压力及时间的确定

固定前真空时间(10min)，来确定浸注处理的压力及加压时间。补压阶段的压力为 0.5MPa，通过改变加压浸注阶段的压力和时间，来确定它们对浸注工艺的影响，用聚合增重率来表征。

浸注处理阶段加压是为了使浸注液在外力(而不仅仅靠扩散作用)作用下能更加均匀地进入枫木单板中，以保证处理的效率和效果。浸注处理的压力越大，浸注液所受到的推动力越大，越有利于浸注液单体的浸注。而保压浸注是为了使浸注液能够更深、更加均匀的进入到木材中。本研究选用加压方式为钢瓶氮气加压，从表 4-2 可以知，随浸注压力的升高聚合增重率有一定的提高，但当浸注压力达到 1.0MPa 后，塑合木的聚合增重率增加的幅度变小。随浸注加压时间的延长，聚合增重率会有小幅提高，但加压浸注时间过长，可能会造成木材结构的破坏，从而影响其力学性能。而且从实际生产的效率方面考虑，加压时间也不易过长，综合考虑本试验选定浸注处理的压力为 1.0MPa，加压时间为 30min。

表 4-2　浸注处理压力及时间与枫木单板塑合木聚合增重率的关系

编号	前真空时间/min	浸注压力/MPa	加压时间/min	$PL_{聚}$/%
1	10	0.8	30	47.2(1.34)
2	10	0.8	60	49.7(2.24)
3	10	1.0	30	54.2(1.98)
4	10	1.0	60	54.4(1.34)

续表

编号	前真空时间/min	浸注压力/MPa	加压时间/min	$PL_聚$/%
5	10	1.2	30	55.5(1.79)
6	10	1.2	60	55.9(1.57)

注：表中评价指标聚合增重率数值为算术平均值，括号内为标准差。

4.3.2.3 加热固化处理温度及时间的确定

固定前真空时间(10min)、浸注处理压力(1.0MPa)及时间(30min)后，来确定加热固化处理温度及时间，用聚合增重率来表征。

聚合温度是使单体活化，引发聚合反应的主要条件，又是促进聚合、决定聚合速率的主要因素。一般来说，温度升高，聚合速率会增大，而聚合产物分子量则会下降。温度过高，还会引起暴聚，造成事故；温度控制不均匀形成局部过热，产品性能会受到影响。

由表 4-3 可以观察到，固化反应温度在(85±5)℃较为适宜。此时，反应速度较适中，不会使罐内单体蒸气的蒸气压过高而造成单板内的单体损失过多，有利于获得较高的塑合木聚合增重率。如果反应温度低，则固化太慢，造成生产效率低，增加了生产周期，不利于浸注液存放，对浸注液的储存期提出更高要求；而过高的反应温度将造成单体气化损失严重，同时，由于反应过快，聚合物分子量低而产品性能下降。并且，过高的反应温度也要求处理罐内壁的温度较高，这容易造成从木材中渗出的浸注液在罐壁上聚合固化。

表 4-3　加热固化处理温度及时间与枫木单板塑合木聚合增重率的关系

编号	加热固化温度/℃	达到固化温度的时间/min	固化时间/min	$PL_聚$/%
1	75±5	20	60	46.4(1.23)
2	75±5	20	100	54.1(1.38)
3	75±5	20	150	53.3(1.56)
4	85±5	30	60	49.8(1.70)
5	85±5	30	100	56.2(1.46)
6	85±5	30	150	56.4(1.49)
7	95±5	35	60	51.2(1.63)

注：表中评价指标聚合增重率数值为算术平均值，括号内为标准差。

在试验中，采用 0.25MPa 的饱和水蒸气通过处理罐的夹套加热处理罐，罐内在传热介质氮气存在的情况下，很快可使罐内的温度达到需要的固化反应温度。

通过调节补加蒸汽，可使罐内热固化反应温度达到表 4-3 所示试验设计需要的温度。由表 4-3 可以观察到，所设计的固化温度越高，加热罐内达到固化反应温度所需时间就越长。这是由于罐内升温是通过热交换实现的，后期需要达到的温度越高，就越困难。

固化反应时罐内温度的升高，单板会有浸注液流出，应做好及时回收。否则，浸注液固化会堵塞管道，影响设备使用。待没有浸注液流出后，保温30min，使固化反应更彻底。工艺中，将处理罐夹套通入饱和水蒸气(加热开始)至通入冷却水(加热停止)的这段时间定为固化时间。由表 4-3 可以观察到，在固化温度一定的条件下，随固化时间的延长，塑合木聚合增重率有所增加。这是由于，当固化时间不够(60min)时聚合不充分，影响塑合木的聚合增重率，进而影响了性能。图 4-3(A)所示即为固化时间不够，导致聚合不充分。画圈标记处为反应不完全的单体残留造成的。但固化时间过长(150min)，会降低生产效率，提高能耗。综合考虑，固化时间控制在 100min 较适宜，此反应条件下聚合反应能充分完成，如图 4-3(B)所示，因此能获得较高的聚合增重率。

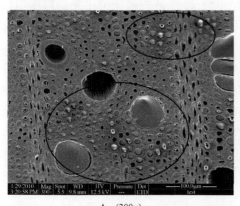 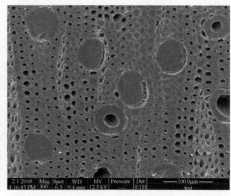

A (300×)　　　　　　　　　　　　　　B (300×)

图 4-3　不同固化时间制备的枫木单板塑合木电镜图片

4.3.2.4　加热固化处理压力的确定

在确定了前真空时间 10min、浸注处理压力 1.0MPa 与时间 30min、固化处理温度(85±5)℃及时间 100min 后，通过调整加热固化时氮气的压力来确定枫木塑合木制备的最佳工艺。

由表 4-4 中可以看出，在加热阶段，处理罐内保持适当的压力，可以明显提高塑合木的聚合增重率，但并不是越高越好。一般增加压力聚合速率和聚合物的分子量都会随之增加。压力在 0.8～1.0MPa 条件下聚合增重率较高，但压力达到 1.2MPa 时，聚合增重率没有明显增高，而压力过大对设备使用、处理木材结构及能耗都不利。

表 4-4　加热处理压力与枫木单板塑合木聚合增重率的关系

加热阶段压力/MPa	0.4	0.6	0.8	1.0	1.2
平均 $PL_聚$/%	51.3	52.2	56.1	55.7	55.9

　　加热固化处理时氮气加压目的是：①作为传热介质。采用了具有适当压力的氮气是为了保证处理罐内有较高的传热效率使热量快速从罐壁传向内部，氮气压力越大，传热效率越高，越有利于提高生产效率。试验结果表明，氮气压力为 0.8～1.0MPa 时，罐内升温时间短，可在 30min 达到预定的固化温度(85±5)℃，适于生产的要求。②消除了氧气的阻聚作用。避免了浸注单板表面发黏现象的产生，确保了产品具有很高的表面质量，同时也有利于单板内部聚合反应的顺利进行。③抑制浸注液从木材中溢出。因为引发剂分解产生的氮气和木材中残留的空气因受热从木材中排出时，浸注液会被携带出来，高压可以降低从木材中排出气体(氮气和空气)的体积，进而抑制浸注液溢出的量。④抑制单体的挥发。较高压力的氮气，使浸注单体的沸点升高，这有利于抑制单体的挥发。由于单体聚合过程中放热，木材内部的温度会因聚合反应的发生而升高，单体聚合放热甚至会引起整个处理罐内部温度变化，这一点在试验过程中已经得到证实。虽然热固化时用氮气加压不能完全避免单体挥发，但是可以降低其挥发的速度，尤其是当采用较大的氮气压力(0.8～1.0MPa)时，单体的沸点会大大高于常压沸点(101℃，接近于固化温度)，可确保固化过程中不产生单体沸腾现象。

4.3.3　枫木单板塑合木制备工艺中其他影响因素的分析

　　(1) 后真空处理：后真空的目的主要是排除处理罐内残留的单体及单板塑合木上吸附的少量单体，以免打开处理罐罐门时，污染室内空气。因此，后真空应采用较高的真空度，但时间不必太长。试验中，后真空的真空度为 −0.1MPa，真空时间为 10min。

　　(2) 冷却处理：固化反应结束后，向处理罐夹套中通入自来水冷却处理罐，使罐内温度降至室温，可回收大部分气化的单体。这不仅可以有效地提高单体的利用率，降低单体造成的环境污染，而且能够降低原料成本。

(3) 单板放置方式的影响：本工艺中木材单板垂直放置于单板架中，每块单板都由单板架本身的不锈钢条隔开，留有一定的空隙。这种放置方式不仅可以保证在加热阶段木材中溢出的单体可以顺利地流出，而且不会导致由于单板过于紧密引起的浸注液在两块单板之间固化，使两块单板黏结在一起。采用专用的单板架，单板采取垂直放置的方式，使制备的塑合木制品表面干爽，无聚合物残留，与木材相比没有变化。

4.4　本章小结

以最优配方(St 用量为 20%，MA 用量为 5%，AIBN 用量为 0.25%)为浸注液，通过放大性的试验，成功制备了枫木单板塑合木。试验已经较为接近实际的生产，为枫木单板塑合木的生产提供可靠的依据。所制得的枫木单板塑合木的聚合增重率在 55%左右，外观几乎没有变化，不变形，甚至使变形的单板处理后变平整。

(1) 对枫木单板塑合木制备工艺的影响因子进行了讨论分析，优化出枫木单板塑合木制备工艺及参数。前真空真空度–0.1MPa，时间 10min；加压浸注压力 1.0MPa，时间 30min；加热固化温度(85±5)℃，时间 100min 左右，压力 0.8～1.0MPa。

(2) 试验使用专用处理罐——塑合木生产用真空加压浸注和/或热固化罐，结合本研究中塑合木的制备工艺，降低了浸注单体的挥发、对环境产生污染和对人体造成伤害。自行设计的单板架与集液板的使用，保证了加热阶段从木材中溢出的单体的顺利排出与回收，不仅保护了设备，而且提高了浸注液的利用率。

(3) 综合高效的利用了氮气，在塑合木制备的过程中，浸注阶段加压的氮气不产生浪费，直接提供给加热阶段，氮气起到了提供压力、反应保护、传热、抑制浸注液从单板中溢出的作用。

第5章　枫木单板塑合木中聚合物
与木材的结合机理

5.1　引　　言

木材化学改性使用的试剂是否与木材细胞壁组分发生化学反应、形成化学键，通常可以从三个方面来证实：①检测处理材体积变化；②用于化学改性的试剂反应后的抗流失性；③采用傅里叶变换红外光谱(FTIR)和扫描电镜(SEM)等仪器的检测分析。

本章采用傅里叶红外光谱和扫描电子显微镜，分析了枫木单板塑合木中木材的主要成分与浸注液各组分在共聚反应过程中化学官能团的变化情况，研究了木材各化学组成成分在接枝共聚过程中的反应性能，观察聚合物在木材中的分布及与木材细胞壁的结合情况，探讨塑合木改性的机理，为单板塑合木复合材料的深入研究及生产提供参考依据。

5.2　试　　验

5.2.1　试验材料与仪器设备

(1) 木材：旋切的枫木单板，尺寸为 1250mm×130mm×2.2mm(纵向×弦向×径向)，含水率(8±2)%。试验加工成规格板材尺寸为 30mm×40mm×2.2mm(纵向×弦向×径向)和尺寸为 100mm×100mm×2.2mm(纵向×弦向×径向)，含水率为 6%±1%的试件，分别用于红外测试和电镜观察。

(2) 浸注药品：如第 3 章表 3-2 所示。

(3) 制备设备：如第 4 章图 4-1 所示。

(4) 检测仪器：尼高力公司生产的 Magana-IR560E.S.P.傅里叶变换红外光谱仪；美国 FEI 公司生产的 Quanta200 型扫描电子显微镜。

5.2.2　试验样品制备

(1) 傅里叶红外检测样品制备的浸注液配方如表 5-1 所示。不同 MAH 用量傅里叶红外光谱检测样品信息如表 5-2 所示。

表 5-1　不同配方傅里叶红外光谱检测样品

编号	检测材料简称	接枝率/%	$PL_聚$/%	各组分用量/%		
				St	MAH	AIBN
1	素材-F	—				—
2	VPC-F-MMA	33.58	55±2	—	—	0.25
3	VPC-F-(MMA+St)	25.51	55±2	20	—	0.25
4	VPC-F-(MMA+MAH)	34.35	55±2		5	0.25
5	VPC-F-(MMA+St+MAH)	44.29	55±2	20	5	0.25
6	F-MAH	—	20			—

注：F-MAH 是以 1,4-二氧六环为溶剂，马来酸浓度 5%条件下处理的酯化接枝枫木。

为去除分析的干扰项，傅里叶红外检测样品采用了下面 4 种不同制备的工艺，制备 4 种试样。具体制备工艺如下。

1. (固)处理：素材→VPC 处理(固)；
2. (固-抽)处理：素材→VPC 处理(固)→二甲苯处理(抽)；
3. (抽-固-抽)处理：素材→二甲苯处理(抽)→VPC 处理(固)→二甲苯处理(抽)；
4. (抽-固)处理：素材→二甲苯处理(抽)→VPC 处理(固)。

二甲苯抽提处理：把试件放入索式抽提器中，然后加入二甲苯，加热回流 24h，再将试件冷却后用丙酮冲洗数遍后，在真空干燥箱中 140℃干燥 3h。

VPC 处理：试件→烘箱干燥→装入处理罐→抽真空处理(真空度–0.1MPa，时间 10min)→氮气加压浸注处理(压力 1.0MPa，时间 30min)→氮气保护下加热固化(温度(85±5)℃，时间 100min)→后真空处理(真空度–0.1MPa，时间 10min)→枫木单板塑合木。

表 5-2　不同 MAH 用量傅里叶红外光谱检测样品

编号	检测材料简称	$PL_聚$/%	各组分用量/%		
			St	MAH	AIBN
1	素材-F	—	—	—	—
2	VPC-F-(MMA+St+MAH)	55±2	20	3	0.25

续表

| 编号 | 检测材料简称 | $PL_聚$/% | 各组分用量/% | | |
			St	MAH	AIBN
3	VPC-F-(MMA+St+MAH)	55±2	20	5	0.25
4	VPC-F-(MMA+St+MAH)	55±2	20	7	0.25

(2) 扫描电镜观察用枫木单板塑合木样品制备的浸注液配方如表 5-3 所示。制备工艺：试件→烘箱干燥→装入处理罐→抽真空处理(真空度–0.1MPa，时间 10min)→氮气加压浸注处理液(压力 1.0MPa，时间 30min)→氮气保护下加热固化(温度(85±5)℃，时间 100min)→后真空处理(真空度–0.1MPa，时间 10min)→枫木单板塑合木。

表 5-3　扫描电镜检测样品

| 编号 | 检测材料简称 | $PL_聚$/% | 各组分用量/% | | |
			St	MAH	AIBN
1	VPC-F-MMA	55±1	—	—	0.25
2	VPC-F-(MMA+St)	55±1	20	—	0.25
3	VPC-F-(MMA+MAH)	55±1	—	5	0.25
4	VPC-F-(MMA+St+MAH)	55±1	20	5	0.25

5.2.3　枫木单板塑合木聚合增重率与接枝率计算

(1) 枫木单板塑合木的聚合增重率。

可根据第 3 章的式(3-2)进行计算。

(2) 枫木单板塑合木聚合物接枝率计算。

截取测试试件尺寸为 30mm×40mm×2.2mm(纵向×弦向×径向)，放到真空干燥箱中 105℃干燥 3h 后，称取质量记为 M_0。然后将试件放入索式抽提器中，加入二甲苯，加热回流 24h，再将试件冷却后将放到丙酮中，用丙酮冲洗数遍，在真空干燥箱中 140℃干燥 3h。然后按照第 4 章中的浸注固化处理工艺制备塑合木试件。将制备的塑合木试件放入索式抽提器中，用二甲苯抽提处理 24h，再将试件冷却后将放到丙酮中，用丙酮冲洗数遍，在真空干燥箱中 140℃干燥 5h，至恒重称取质量记为 M_1。用式(5-1)计算接枝率，接枝率数值如表 5-1 所示。

$$G = \frac{M_0 - M_1}{M_1} \times 100\% \qquad\qquad (5\text{-}1)$$

其中：G ——试件接枝率，%；

　　　M_0 ——抽提处理前试件质量，g；

　　　M_1 ——抽提处理后试件质量，g。

5.2.4　试验测试条件

(1) 傅里叶红外测试：取微量测试试件粉末，与光谱纯的 KBr 粉末混合研磨后，压制成透明薄片，放在傅里叶变换红外光谱仪光路中进行测定。扫描从 400cm^{-1} 到 4000cm^{-1}，扫描次数 40 次/min。

(2) 扫描电镜观察：取干燥后测试试件泡水软化 2 天后制样。试验条件为高真空，电子束电压为 15～20kV，放大倍数为 100～20000。

5.3　结果与讨论

5.3.1　枫木单板塑合木聚合物接枝机理研究

5.3.1.1　枫木单板塑合木接枝率探讨

制备枫木单板塑合木的浸注液主要是由 MMA、St、MAH 和引发剂 AIBN 组成。由于聚合反应受单体浓度、反应温度、单体竞聚率和引发剂量等很多因素的影响，聚合过程复杂，聚合物具有较宽的分子量分布和复杂的结构组成。并且，单体在木材中热引发聚合时，木材内有些成分会参与聚合，有些成分会阻碍聚合，有些成分还会促进聚合，使得聚合体系的反应变的更加复杂。

在使用的三种单体中，MAH 单体由于空间位阻效应，在一般条件下很难发生自聚(Hill et al.，1983)，而 MMA 和 St 在引发剂作用下均可发生自聚反应，如式(5-2)和式(5-3)所示。MMA、St 和 MAH 相互之间均可发生共聚反应，如式(5-4)、式(5-5)和式(5-6)所示。由于单体自身的结构影响，St 与 MAH 在引发剂作用下很容易发生共聚(董宇平等，1997)。而浸注液中加入的 MAH 具有酸酐基团，酸酐与木材的羟基会发生酯化反应，实现木材酯化改性，从而来改善木材的尺寸稳定性。MAH 常用于改性木材(Matsuda et al.，1988；Matsuda and Ueda，1995；Matsuda，1992)，其优点在于 MAH 不需要催化剂就可以和木材发生化学反应，而且反应没有副产物，如反应式(5-8)所示。MMA、St 和 MAH 共聚合产物中含有酸酐基团，聚合物可与木材羟基反应，如反应式(5-7)所示。

$$n\ H_2C\!=\!\overset{CH_3}{\underset{}{C}}\!-\!\overset{O}{\underset{}{C}}\!-\!O\!-\!CH_3 \xrightarrow{\text{AIBN}} \left[\!\!\begin{array}{c} \overset{\overset{O}{\parallel}}{\underset{}{C}}\!-\!O\!-\!CH_3 \\ C\!-\!CH_2 \\ CH_3 \end{array}\!\!\right]_n \qquad (5\text{-}2)$$

$$n\ \underset{\bigcirc}{\overset{HC=CH_2}{}} \xrightarrow{\text{AIBN}} \left[\!H_2C\!-\!\underset{\bigcirc}{CH}\!\right]_n \qquad (5\text{-}3)$$

$$n\ H_2C\!=\!\overset{CH_3}{\underset{}{C}}\!-\!\overset{O}{\underset{}{C}}\!-\!O\!-\!CH_3 + n\ \underset{\bigcirc}{\overset{HC=CH_2}{}} \xrightarrow{\text{AIBN}} \left[\!\!\begin{array}{c} \overset{\overset{O}{\parallel}}{\underset{}{C}}\!-\!O\!-\!CH_3 \\ C\!-\!CH_2\!-\!CH_2\!-\!\underset{\bigcirc}{CH} \\ CH_3 \end{array}\!\!\right]_n \qquad (5\text{-}4)$$

$$n\ \underset{\bigcirc}{\overset{HC=CH_2}{}} + n\ \overset{HC\!-\!\overset{O}{C}}{\underset{HC\!-\!\underset{O}{C}}{}} \!\!\!O \xrightarrow{\text{AIBN}} \left[\!HC\!-\!\underset{\bigcirc}{CH}\!-\!CH\!-\!CH_2\!\right]_n \qquad (5\text{-}5)$$

$$n\ \underset{\bigcirc}{\overset{HC=CH_2}{}} + n\ \overset{HC\!-\!\overset{O}{C}}{\underset{HC\!-\!\underset{O}{C}}{}} \!\!\!O + n\ H_2C\!=\!\overset{CH_3}{\underset{}{C}}\!-\!\overset{O}{\underset{}{C}}\!-\!O\!-\!CH_3$$

$$\xrightarrow{\text{AIBN}} \left[\!HC\!-\!\underset{\bigcirc}{CH}\!-\!CH\!-\!CH_2\!-\!\overset{CH_3}{\underset{\underset{O}{\overset{|}{C}}-O-CH_3}{C}}\!-\!CH_2\!\right]_n \qquad (5\text{-}6)$$

$$n\left[HC-CH-CH-CH_2-\overset{CH_3}{\underset{\underset{O}{\overset{|}{C}-O-CH_3}}{\overset{|}{C}}}-CH_2\right]+Wood-OH_n \qquad (5\text{-}7)$$

$$\xrightarrow{AIBN}\left[HC-CH-CH=CH_2-\overset{CH_3}{\underset{\underset{O}{C}-O-CH_3}{C}}-CH_2\right]_n$$

$$Wood-OH+\underset{HC}{\overset{HC}{}}\!\!\underset{C}{\overset{C}{}}O\longrightarrow Wood-O-\overset{O}{\overset{\|}{C}}-HC=CH-\overset{O}{\overset{\|}{C}}-OH \qquad (5\text{-}8)$$

　　通过以上的化学反应，单体在木材中聚合。接枝率是评定聚合物与木材连接效果的一个指标。因为 MMA、St 和 MAH 单体在 AIBN 引发条件下，3 种单体的自聚合或共聚合均为线性高聚物，能被二甲苯溶解抽提除去；而 MMA 和 MAH 与木材之间发生反应为体型聚合物，不能被二甲苯溶解抽提除去。从表 4-1 中可以观察到，不同配方制备的枫木单板塑合木的接枝率 VPC-F-(MMA+St+MAH) > VPC-F-(MMA+MAH) > VPC-F-MMA > VPC-F-(MMA+St)。VPC-F-(MMA+St+MAH)的接枝率数值最高，达到了 44.29%。说明 MAH 的加入，使得聚合物与木材产生化学结合，即聚合物与木材的细胞壁结合的更好，这在下面的红外光谱分析中也得到证实。而用 MMA 制备的 VPC-F-MMA 的接枝率为 33.58%，说明 MMA 的酯键与木材的羟基发生了酯交换反应，或者与木材中的某些被引发的自由基物质发生了聚合反应。VPC-F-(MMA+St)的接枝率 25.51%，分析可能是由于 MMA 中加入 St 聚合需要的时间更长，相同制备工艺条件下导致 VPC-F-(MMA+St)聚合不充分。而且 St 的加入使得相同的空间里，MMA 的量减少，降低了与木材的反应概率。VPC-F-(MMA+St+MAH)中由于 MAH 的加入，促进了聚合反应的进行，使得聚合反应时间缩短，且聚合更充分。

5.3.1.2 枫木单板塑合木接枝聚合物研究

采用红外光谱法鉴定接枝聚合物的结构，聚合物应具有较高的纯度，尤其是对聚合物光谱产生严重干扰的杂质应被除去。单体(MMA、St 和 MAH)聚合过程中发生的反应很复杂，除了引发剂分解产生的自由基引发单体发生自聚、共聚反应外，MAH 还会与木材发生接枝酯化反应。在聚合过程中，体系中会残留有未反应的单体、引发剂以及 MAH 的衍生物，特别是体系中还可能会残留未反应的 MAH，故需要对制备的枫木塑合木进行纯化处理。将制备好的塑合木试件用索式抽提器，以二甲苯为溶剂，抽提处理 24h，再将试件冷却后将放到丙酮中，用丙酮冲洗数遍，在真空干燥箱中 140℃干燥 3h，用于傅里叶红外光谱分析，塑合木制备用的浸注液配方如表 5-1 所示。

将不同配方制备的枫木单板塑合木(抽-固-抽)及素材(抽)经干燥后进行傅里叶红外分析，其光谱图如图 5-1，光谱归属结果如表 5-4 所示。

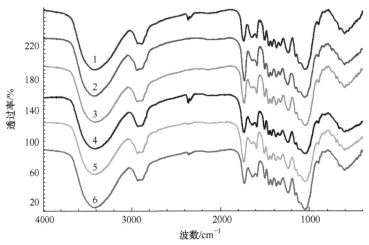

1. 素材-F；2. VPC-F-MMA；3. VPC-F-(MMA+St)；4. VPC-F-(MMA+MAH)；
5. VPC-F-(MMA+St+MAH)；6. VPC-F-MAH

图 5-1　不同配方制备的枫木单板塑合木及素材（抽-固-抽)的红外谱图

表 5-4　不同配方制备的枫木单板塑合木及素材的红外光谱主要吸收带归属

波数/cm^{-1}						吸收带归属及说明
1	2	3	4	5	6	
3420	3422	3422	3419	3422	3420	O—H 伸缩振动
—	—	3023	—	3023	—	苯环的 C—H 伸缩振动(St)

续表

波数/cm⁻¹						吸收带归属及说明
1	2	3	4	5	6	
2937	2940	2938	2948	2940	2935	C—H 伸缩振动(—CH₂—)
2904	2907	2908	2900	2905	2900	C—H 伸缩振动
1739	1735	1736	1733	1735	1736	C=O 伸缩振动(木聚糖乙酰基 CH₃C=O)(甲基丙烯酸甲酯酯键羰基 C=O 伸缩振动)
1652	1652	1653	1652	1653	1645	C=O 伸缩振动(木质素中的共轭羰基)
1594	1594	1594	1594	1594	1594	苯环的碳骨架振动(木质素)
1506	1505	1505	1506	1506	1506	苯环的碳骨架振动(木质素)
1462	1461	1461	1458	1459	1461	C—H 弯曲振动(木质素、聚糖中的 CH₂);苯环的碳骨架振动(木质素)
1425	1426	1425	1431	1425	1424	CH₂ 剪切振动(纤维素);CH₂ 弯曲振动(木质素)
1375	1375	1375	1375	1375	1375	CH 弯曲振动(纤维素和半纤维素)
1330	1329	1330	1329	1330	1330	OH 面内弯曲振动
1242	1241	1241	1241	1239	1240	酰氧键 CO—OR 伸缩振动(半纤维素乙酰氧基)
1158	1155	1157	1154	1158	1159	C—O—C 伸缩振动(纤维素和半纤维素)
1115 1104	1123 —	1121 —	1123 —	1118 —	1118 —	OH 缔合吸收带
1053	1051	1051	1055	1049	1052	C—O 伸缩振动(纤维素和半纤维素);乙酰基中的烷氧键伸缩振动
898	898	898	898	898	898	异头碳(C₁)振动频率(多糖)
841	840	841	840	841	842	C—H 面外弯曲振动, G 环的 2,6 位(阔叶材的紫丁香基结构木质素)
—	—	701	—	701	—	苯环的 C—H 弯曲振动

注: 塑合木制备浸注液配方如表 5-1 所示。聚合增重率(55±2)%。

从经归一化处理的傅里叶红外光谱图 5-1 和光谱归属结果表 5-4 中可观察到, 所有配方制备的枫木单板塑合木与其素材相比: 在 1739～1733cm⁻¹ 谱带的酯化羰基峰强度加强, 说明戊聚糖和木聚糖发生改变; 在 1123～1104cm⁻¹ 谱带的强度同素材相比减弱了, 说明枫木单板塑合木的纤维素、戊聚糖中的羟基(—OH)

自相缔合的能力下降；在 898cm^{-1} 谱带的聚糖异头碳振动峰略有减少，说明戊聚糖在 WPC 处理过程中发生了变化，使得伴于 C_1 原子的基团—OH 略有减少；在 1055～1049cm^{-1} 纤维素和戊聚糖的(—C—O)峰强度明显减弱，说明纤维素、戊聚糖羟基(—OH)减少。可见，枫木单板塑合木中聚合物充填于木材微纤丝之间，并且与木材细胞壁主要物质—纤维素、戊聚糖、木质素中的羟基基团产生化学作用。

浸注液中 MMA 单体的存在，引入了甲基和羰基。使得制备的 VPC-F-MMA、VPC-F-(MMA+MAH) 和 VPC-F-(MMA+St+MAH) 与素材相比，在 2908cm^{-1}～2900cm^{-1} 处附近出现了甲基的 C—H 伸缩振动峰，在 2848～2835cm^{-1} 谱图带处出现了亚甲基的 C—H 伸缩振动峰，在 1739cm^{-1}～1733cm^{-1} 谱图带的 C＝O 伸缩振动峰强度增加。

浸注液中加入 St 单体，制备的 VPC-F-(MMA+St) 和 VPC-F-(MMA+St+MAH)与其素材及 VPC-F-MMA、VPC-F-(MMA+MAH)相比，在 3023cm^{-1} 处出现了苯环的 C—H 伸缩振动峰，它的强度比饱和的 C—H 键稍弱。在 701cm^{-1} 处出现苯环的 C—H 弯曲振动峰。这些说明在接枝聚合物中引入了苯环。

浸注液中加入 MAH 后，在 1739～1733cm^{-1} 处峰强度与素材相比有所增加，峰强度的顺序为：素材＞VPC-F-MMA＞VPC-F-(MMA+MAH)＞VPC-F-MAH＞WPC-F-(MMA+St)＞VPC-F-(MMA+St+MAH)，可见酯键的增加不仅是由聚合物单元 MMA 结构中的本身的酯键(—COOCH$_3$)所引起，还通过 MMA、MAH 与细胞壁—OH 反应，生成新的酯键。

枫木单板塑合木的红外光谱吸收峰值与其素材相比，出现了浸注单体的特征基团的特征吸收峰，由于接枝聚合物物经过二甲苯和丙酮处理，消除了未反应的单体(如 MMA、St 和 MAH)、自聚物(如 PMMA 和 PS)和共聚物(如 P_{MMA-St}、P_{St-MAH} 和 $P_{MMA-St-MAH}$)的影响，因此可以证明 MMA、MAH 和 St 的聚合产物被成功接枝到木材上，与木材的一些组分发生了化学反应，产生了化学键连接。但在 1594cm^{-1} 处木质素的苯环炭骨架振动峰；纤维素、半纤维素 1375cm^{-1} 处的 C—H 弯曲振动峰未发现变化，这说明 WPC 处理后，木材的碳架结构未发生大的变化，木材能保持其本身的特点，这与制备塑合木的设计思想是一致的。

5.3.1.3　不同处理方法制备的枫木单板塑合木的傅里叶红外谱图分析

采用第 3 章确定的最优浸注液配方，按照 4 种不同制备方法(素材-抽-固-

抽，素材-抽-固，素材-固，素材-固-抽)制备的 VPC-F-(MMA+St+MAH)的傅里
叶红外光谱经归一化处理的傅里叶红外光谱图如图 5-2 所示，光谱归属结果如
表 5-5 所示。从图 5-2 和表 5-5 中可观察到：

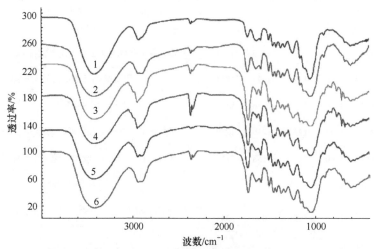

1. 素材；2. 素材-抽；3. 素材-固；4. 素材-抽-固；5. 素材-抽-固-抽；6. 素材-固-抽

图 5-2　不同处理方法制备的枫木单板塑合木红外谱图

表 5-5　不同处理方法制备的枫木单板塑合木主要吸收带红外光谱归属

波数/cm^{-1}						吸收带归属及说明
1	2	3	4	5	6	
3417	3420	3418	3423	3422	3420	O—H 伸缩振动
—	—	3064	3065	—	—	=C—H 伸缩振动
—	—	3024	3025	3023	3025	苯环的 C—H 伸缩振动
2922	2937	2948	2948	2940	2938	C—H 伸缩振动(—CH$_2$—)
—	—	—	1854	—	—	C=O 不对称伸缩振动(MAH 羰基)
—	—	—	1780	—	—	C=O 对称伸缩振动(MAH 羰基)
1649	1652	1650	1652	1653	1652	C=O 伸缩振动(木质素中的共轭羰基)
—	—	1636	1636	—	—	C=C 伸缩振动
1595	1594	1594	1594	1594	1594	苯环的碳骨架振动(木质素)
1505	1506	1505	1504	1506	1506	苯环的碳骨架振动(木质素)

续表

波数/cm⁻¹						吸收带归属及说明
1	2	3	4	5	6	
1462	1462	1455	1456	1459	1458	C—H 弯曲振动(木质素、聚糖中的 CH_2);苯环的碳骨架振动(木质素和 St)
1424	1425	—	—	1425	1425	CH_2 剪切振动(纤维素);CH_2 弯曲振动(木质素)
1375	1375	1376	1376	1375	1374	CH 弯曲振动(纤维素和半纤维素)
1328	1330	1330	1329	1330	1330	OH 面内弯曲振动
1239	1242	1237	1238	1239	1239	酰氧键 CO—OR 伸缩振动(半纤维素乙酰氧基)
1157	1158	1160	1160	1158	1159	C—O—C 伸缩振动(纤维素和半纤维素)
1110	1115	1126	1126	1117	1112	OH 缔合吸收带
1054	1053	1054	1051	1049	1053	C—O 伸缩振动(纤维素和半纤维素);乙酰基中的烷氧键伸缩振动
—	—	998	995	—	—	C—H 面外弯曲(C=C—H)
—	—	758	758	747	754	苯环的 C—H 弯曲振动
—	—	702	702	701	701	苯环的 C—H 弯曲振动

注:塑合木制备浸注液配方为第 3 章确定的最优配方。聚合增重率(55±2)%。

(1) (素材-固)和(素材-抽-固)处理制备的 2 种 VPC-F-(MMA+St+MAH),分别在 $3064cm^{-1}$ 和 $3065cm^{-1}$ 处出现=C—H 伸缩振动峰,在 $1636cm^{-1}$ 处出现 C=C 伸缩振动峰,在 $998cm^{-1}$ 和 $995cm^{-1}$ 处出现=C—H 的面外弯曲振动峰,说明浸注液单体聚合后有单体残留。而(素材-固-抽)和(素材-抽-固-抽)处理,由于二甲苯和丙酮处理消除了未反应的单体(MMA、St 和 MAH),故此处没有出现振动峰。

(2) (素材-抽-固-抽)处理和(素材-固-抽)处理制备的 VPC-F-(MMA+St+MAH)分别与(素材-固)和(素材-抽-固)处理相比,在 $2948\sim2937cm^{-1}$ 处的—CH_2—键 C—H 不对称伸缩振动峰强度均减弱,这是由于聚合体系中单体(MMA 和 St)的自聚物和均聚物被二甲苯和丙酮去除引起的。

(3) (素材-抽-固)处理制备的 VPC-F-(MMA+St+MAH),在 $1854cm^{-1}$ 和 $1780cm^{-1}$ 处出现了 MAH 的 C=O 不对称和对称伸缩振动峰,说明聚合体系中有 MAH 残留。(素材-抽)处理和(素材-抽-固-抽)处理材未出现 MAH 的 C=O 振动峰，这是由于二甲苯和丙酮抽提处理除去了未反应的 MAH，故没有吸收峰。而(素材-固)处理的也未出现 MAH 的 C=O 振动峰，分析其原因：素材的抽提处理是在长时间高温(24h，高于二甲苯沸点 140℃)条件下进行的，对木材组分会有影响。由(素材-抽)处理谱图可见，在 1653~1652cm^{-1} 处的酯化羰基峰强度和在 1160~1157cm^{-1} 处的醚化羰基峰强度加强，这可能是由于二甲苯抽提处理木材是长时间高温条件下木质素发生了酯化反应，纤维素分子链间的每对游离羟基将发生"架桥"反应脱除 1 分子的水，形成醚键，使得强吸水性的羟基数量减少，羰基数量增加(李贤军等，2009)。浸注液中 MAH 的加入是为了与木材羟基发生酯化反应，前面第二章对其最佳用量的确定，也是相对应未处理的素材而言的。所以，当素材经抽提处理后羟基减少，造成了(素材-抽-固)塑合木的聚合物 MAH 酸酐基的残留。

(4) (素材-固)和(素材-抽-固)处理材与(素材-固-抽)处理和(素材-抽-固-抽)处理材相比，在 1662~1455cm^{-1} 处苯环的碳骨架振动峰加强，在 702~701cm^{-1} 和 758~747cm^{-1} 处的苯环 C—H 振动峰加强，说明单板塑合木中有 St 单体残留。

5.3.1.4 不同马来酸酐(MAH)用量制备的枫木单板塑合木傅里叶红外谱图分析

采用表 5-2 的浸注液配方，按照第 4 章的最优固化工艺，采用不同 MAH 用量的制备的 VPC-F-(MMA+St+MAH)及其素材的傅里叶红外光谱如图 5-3，光谱归属结果如表 5-6 所示。

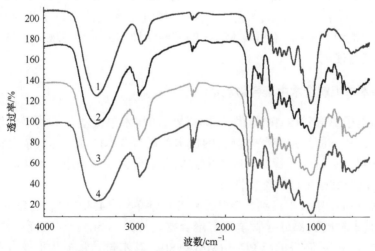

1. 素材；2. MAH3%；3. MAH5%；4. MAH7%

图 5-3 不同 MAH 用量制备的枫木单板塑合木红外谱图

表 5-6　不同 MAH 用量制备的枫木单板塑合木红外光谱主要吸收带归属

1	2	3	4	吸收带归属及说明
	检测材料波数/cm^{-1}			
3416	3418	3419	3420	O—H 伸缩振动
			1778	C=O 对称伸缩振动(MAH 羰基)
1737	1730	1730	1730	C=O 伸缩振动(木聚糖乙酰基 CH$_3$C=O) (甲基丙烯酸甲酯酯键羰基 C=O 伸缩振动)
1110	1126	1126	1125	OH 缔合吸收带
1054	1053	1053	1051	C—O 伸缩振动(纤维素和半纤维素) 乙酰基中的烷氧键伸缩振动
899	899	899	898	异头碳(C$_1$)振动频率(多糖)

注：塑合木制备浸注液配方如表 5-2 所示。聚合增重率(55±2)%。

从图 5-3 和表 5-6 中可看出：枫木单板塑合木与其素材相比，在 1737～1730cm^{-1} 谱带的酯化羰基峰明显加强，且峰值出现的波数后移；在 1110～1126cm^{-1} 谱带的强度同素材相比减弱，且峰值出现的波数前移，说明处理的单体充填于木材微纤丝之间，并且与木材细胞壁物质—纤维素、戊聚糖、木质素中的羟基基团产生化学作用。还可观察到，当 MAH 用量达到 7%时，在 1778cm^{-1} 处出现了 MAH 的 C=O 伸缩振动峰出现，说明塑合木中有未反应的 C=O 残留。但在 1710cm^{-1} 和 1170cm^{-1} 处未出现 MAH 水解后的酸性基团的吸收峰，这是由于 MAH 残留量少，且检测前还将试件进行了烘干处理。在 MAH 用量达到 5%时，未出现 MAH 的 C=O 伸缩振动峰出现。说明 MAH 用量在 5%较适宜。

5.3.2　枫木单板塑合木中聚合物观察

扫描电子显微镜(SME)提供了非常清晰的枫木单板塑合木的聚合物的分布状态图片，从不同浸注液配方制备的枫木单板塑合木的横切面扫描电镜图片中可以观察到，木材的导管、木纤维中都填有聚合物，且采用细胞法填充。聚合物存在状况与共聚单体种类特性有关。

从图 5-4(A)中可观察到，单独使用非极性单体 MMA 聚合制备的 VPC-F-MMA，其木材的大部分导管填充有聚合物。从图 5-5(A)中可观察到，浸注液配方中加入 St 后制备的 VPC-F-(MMA+St)，其木材导管中几乎没有聚合物填充，这与图 5-4 的(A)形成鲜明对比。其原因为导管细胞的孔径较大，不能起毛细凝聚作用，木材在注入单体后加热聚合过程中，存在于导管中的单体在未聚合前就已挥发(在 MMA 加入 St 聚合速度降低)。从图 5-6(A)中可以观察到，浸注液配方中加入 MAH 后制备的 VPC-F-(MMA+MAH)，其木材中只有部分导管被聚合物填充。从图 5-7(A)中可以观察到，VPC-F-(MMA+St+MAH)中，木材导管中聚合物填充的较均匀。而且加入极性单体 MAH 制得的 VPC-F-(MMA+St+MAH)，聚合物收缩产生的孔隙不在细胞与聚合物的界面之间形成，而在聚合物自身的内部产生空洞，细胞壁和聚合物之间具有极好的密实性。在 VPC-F-(MMA+MAH)中未观察到此现象，这可能是由于 MAH 与 St 可以交替接枝的形式或络合物形式在体系中聚合，强极性单体 MAH 与 St 的共聚产生的作用影响了聚合物的聚合收缩。

5.3.2.1　木材横切面木射线中聚合物观察

从图 5-4(B)、图 5-5(B)、图 5-6(B)和图 5-7(B)中均可观察到，木射线几乎没有聚合物填充。且木射线附近的木纤维中聚合物填充情况也不理想。分析可能是由于处理材为旋切单板，其木射线细胞是沿着单板厚度方向排列的，而单板的厚度较薄(2.2mm)，浸注单体在加热聚合过程中易挥发所致。

5.3.2.2　木材横切面木纤维中聚合物观察

从图 5-4(B)和图 5-4(C)中还可以观察到，VPC-F-MMA 中除有些射线附近的木纤维填充不好外，大部分木纤维也被聚合物填充。木纤维细胞壁和聚合物之间的界面存在孔隙较大，可以确认聚合物与木材之间的密实性不强。这是由于伴随 MMA 聚合其体积收缩较大(大约 21%)，引起木材细胞壁与聚合物的界面间产生间隙，这也说明木材和聚合物之间相互作用微弱，复合效果较差。

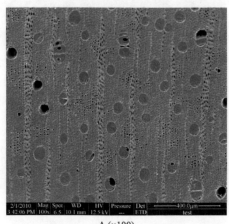

A (×100)

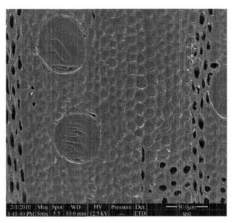

B (×500)

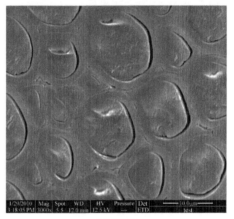

C (×3000)

图 5-4　VPC-F-MMA 的电镜图

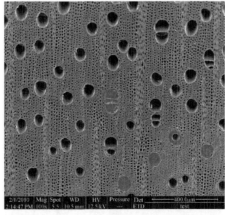

A (×100)

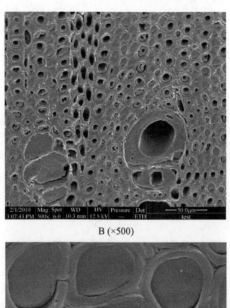

B (×500)

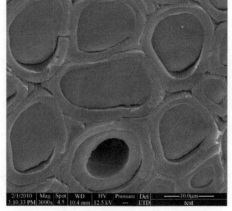

C (×3000)

图 5-5　VPC-F-(MMA+St)的电镜图

　　从图 5-5(B)和图 5-5(C)中可观察到，VPC-F-(MMA+St)中，其部分木纤维中填充聚合物。聚合物与木纤维细胞壁两相界面间存在间隙，与 VPC-F-MMA 相比，界面间间隙变小。这主要是由于 St 单体聚合体积收缩与 MMA 单体相比小一些，体系中加入 St 聚合引起的聚合物体积收缩小，聚合物与木材胞壁间的连接也就密实一些。

　　从图 5-6(B)和图 5-6(C)中可观察到，在 VPC-F-(MMA+MAH)中，其大部分木纤维中被填充聚合物。聚合物与木纤维细胞壁两相界面间存在间隙，分析其原因主要是由于单体聚合后产生了收缩。但 VPC-F-(MMA+MAH)与 VPC-F-MMA 和 VPC-F-(MMA+St)相比，聚合物与木材细胞壁间的间隙较小，表明聚合物与木材连接更紧密。MAH 的加入，使得聚合物与木材细胞壁的羟基之间产生较强的亲合力或化学交联，改善了聚合物与木材之间的两相界面性。

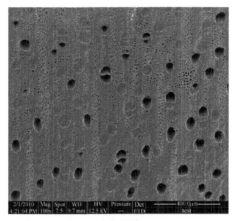

A (×100)

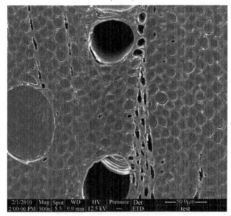

B (×500)

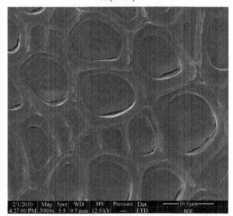

C (×3000)

图 5-6　VPC-F-(MMA+MAH)的电镜图

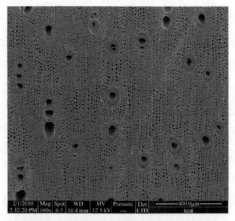

A (×100)

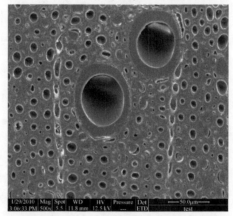

B (×500)

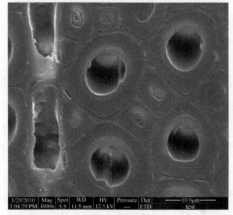

C (×3000)

图 5-7　VPC-F-(MMA+St+MAH)的电镜图

从图 5-7(B)和图 5-7(C)中可观察到，VPC-F-(MMA+St+MAH)中，其部分木纤维中被填充聚合物，聚合物与木纤维细胞壁间没有间隙存在，且单体聚合收缩的孔隙在聚合物内部形成，而不是在聚合物与木材两相界面间。聚合物与木材连接紧密，几乎分辨不出聚合物与木材的两相界面层，这是由于 MAH 为强极性单体。早有证实向疏水的树脂内添加极性官能团，可以改善木材组分与树脂的结合情况，从而增强了两相界面间的分子间作用力。具有相当数量亲水性官能团的聚合物与细胞壁非晶区纤维分子链的羟基之间产生较强的亲合力或化学交联，高聚物在木材中不仅起到充填、增容作用，而且相互间形成较强的分子作用力和化学交联，从而塑合木的物理力学性能得到明显改善。

VPC-F-(MMA+St+MAH)中，所使用的单体渗透到木材细胞腔，细胞间隙中，渗透比较均匀，并在其中聚合，木材细胞腔内表面有树脂残留而细胞中树脂残留的量很少。因此该浸注液配方和处理工艺已经达到了预期的处理效果。

5.4 本 章 小 结

(1) 采用傅里叶红外光谱分析方法，研究了枫木单板塑合木中聚合物与木材之间的键连接情况，发现：①VPC-F-(MMA+St+MAH)的聚合增重率在$(55\pm2)\%$条件下，接枝率数值最高达到了 44.29%。说明聚合物与木材组分间产生了化学键合。VPC-F-(MMA+St+MAH)的接枝产物的红外分析证明 MMA、MAH 和 St 的聚合产物被成功接枝到木材上，与木材的一些组分发生了化学反应，产生了化学键连接。但木材的主要成分纤维素、半纤维素和木质素的主要骨架结构未发现变化。塑合木就能保持素材本身的一些优点，这与制备塑合木的设计思想是一致的。②VPC-F-(MMA+St+MAH)与素材相比：在 $1739\sim1733cm^{-1}$ 谱带的酯化羰基峰强度加强，说明戊聚糖和木聚糖发生改变；在 $1118\sim1114cm^{-1}$ 谱带的强度减弱了，说明经过 WPC 处理后的木材纤维素和戊聚糖中的羟基(—OH)自相缔合的能力下降；在 $1055\sim1049cm^{-1}$ 谱带的纤维素和戊聚糖的(—C—O—)峰强度明显减弱，说明纤维素和戊聚糖羟基(—OH)减少。可见，处理的单体与木材细胞壁物质——纤维素、戊聚糖、木质素中的羟基基团产生化学作用，减少了木材中羟基的数量，提高了木材的尺寸稳定性。③VPC-F-(MMA+St+MAH)，在 $3064cm^{-1}$ 和 $3065cm^{-1}$ 处出现═C—H 伸缩振动峰，在 $1636cm^{-1}$ 处出现 C═C 伸缩振动峰，在 $998cm^{-1}$ 和 $995cm^{-1}$ 处出现═C—H 的面外弯曲振动峰，说明浸注液单体聚合后有单体残留。当 MAH 用量达到 7%

时，聚合物中有未反应的 MAH 残留，在 $1778cm^{-1}$ 处出现 MAHC=O 伸缩振动峰出现。说明 MAH 用量在 5%较适宜。

(2) 通过扫描电镜，观察了枫木单板塑合木的聚合物在木材中的分布及与木材界面间的连接紧密程度，发现：①从聚合物的分布来看，VPC-F-(MMA+St+MAH)中，聚合物分布的较均匀。聚合物收缩产生的孔隙不在细胞与聚合物的界面之间形成，而在聚合物自身的内部产生空洞。由于处理为旋切单板，其木射线细胞的排列方向是沿着单板厚度方向排列的，而木材单板厚度较薄(2.2mm)，浸注单体在加热聚合过程中易挥发，导致木射线几乎没有聚合物填充。②VPC-F-MMA 中 MMA 聚合其体积收缩较大(大约 21%)，引起木材细胞壁与聚合物的界面间产生间隙较大，这也说明木材和聚合物之间相互作用微弱，复合效果较差。由于 St 聚合体积收缩与 MMA 单体相比小一些，St 单体加入降低了 VPC-F-(MMA+St)中聚合物与木纤维细胞壁两相界面间间隙的间距。MAH 的加入，使得聚合物与木材细胞壁间的羟基之间产生较强的亲合力或化学交联，改善了聚合物与木材之间的两相界面性。VPC-F-(MMA+MAH)与 VPC-F-MMA 和 WPC-F-(MMA+St)相比，聚合物与木材细胞壁间的间隙变小，聚合物与木材连接更紧密。③VPC-F-(MMA+St+MAH)中，聚合物与木材连接紧密，几乎分辨不出聚合物与木材的两相界面层。证实向疏水的树脂内添加极性官能团，可以改善木材组分与树脂的结合情况，从而增强了两相界面间的分子间作用力；具有相当数量亲水性官能团的聚合物与细胞壁非结晶区纤维分子链的羟基之间产生较强的亲合力或化学交联，高聚物在木材中不仅起到充填、增容作用，而且相互间形成较强的分子作用力和化学交联，从而塑合木的物理力学性能得到明显改善。④VPC-F-(MMA+St+MAH)中单体渗透到木材细胞腔，细胞间隙中，渗透比较均匀，并在其中聚合，木材细胞腔内表面有树脂残留而细胞中树脂残留的量很少。因此该浸注液配方和处理工艺已经达到了预期的处理效果。

第6章 枫木单板塑合木的动态热机械性能研究

6.1 引　言

　　动态热机械分析是在周期交变负荷作用下研究高聚物材料的热机械行为。它通过材料的结构、分子运动的状态来表征材料的特性(许建中和许晨，2008)，使高分子材料的力学行为与温度和作用的频率联系起来，反映了在强迫振动下材料的弹性模量 E'、损耗模量 E'' 及损耗角正切($\tan\delta$)随温度的变化情况，可以推测材料的疲劳寿命、冲击弹性、耐热、耐寒、耐老化等性能，已广泛应用于材料的性能表征。动态热机械分析不仅给出宽广的温度、频率范围的力学性能，还可检测聚合物的玻璃化转变、低温转变和次级松弛过程。用它评价材料结构总的力学行为，材料的耐热性与耐寒性，共混高聚物的相容性、复合材料的界面特性及高分子运动机理等，对于研究高分子材料科学与材料工程方面有着重要的指导意义。

　　木材是一种天然的高分子聚合物复合材料，其特点是其具有黏弹性，即力学性能受时间、温度、频率的影响。从宏观上看，木材在外力作用后的变形恢复，主要表现为弹性恢复和蠕变恢复。微观上看，木材分子链作微布朗运动受制于其内部分子间连接性状，也对其宏观性质产生影响(周持兴，2003)。通过动态力学性能测试，可以反映出木材玻璃化转变、取向等结构变化，而这些变化是分子运动状态的宏观反映。高聚物是典型的黏弹性材料，在周期交变负荷作用下也存在玻璃化转变、结晶、交联、取向等结构变化及分子运动状态的转变。它的力学性能受时间、频率影响，与材料的力学状态(玻璃态、高弹态、黏流态等)有关(Ferry，1980)。

　　塑合木复合材料是将单体注入天然高分子材料木材中，使其在木材中聚合(形成聚合物)，聚合物用来加强木材的特殊性质。往木材这种天然高分子复合材料中引入高分子聚合物(单体聚合物)，势必会对木材的动态黏力学性能产生影响。用动态力学法研究高聚物的力学性能已经证明是一种非常有效的方法。

本章通过测定枫木单板塑合木的动态力学性能，研究木材、聚合物分子链、结构与性能的关系；探讨关于枫木单板塑合木的特性，注入的聚合物系统对塑合木的转化温度有什么影响，聚合物和木材(界面)相互作用如何，枫木单板塑合木的动力学性质与其物理性质有什么关系；考察不同聚合物及不同聚合物添加量对木材基本运动单元的影响，从而获得有关枫木单板塑合木的微观结构、分子运动及其转变等重要信息，为塑合木提供基础研究数据。

6.2　试　　验

动态力学测试通常是在小应变条件下进行的，很大程度上不会对材料的微观结构造成影响或破坏，被认为是一种能够有效表征填充聚合物体系中填料分散状态的方法。本文采用对材料施加扭转的应变或应力，测量材料响应的应力或应变、黏度和模量。

在动态测试中，流变仪可以控制扭转振动频率、振动幅度、测试温度和测试时间。在典型的测试中，将其中两项固定，而系统地变化第三项。本文主要采用温度扫描和频率扫描方式进行测试。

(1) 应变扫描

应变扫描是在恒定频率下进行的，应变幅度可以不断改变，应变的变化可以递增或递减，方式可以是对数的或线性的，试验中所要确定的参数有：频率、温度和应变扫描模式(对数或线性)。一般而言，黏弹性材料的流变性质在应变小于某个临界值时与应变无关，表现为线性黏弹性行为；当应变超过临界应变时，材料表现出非线性行为，并且模量开始下降。因此，材料储能模量和损耗模量对应变幅度的依赖性考察，往往是表征黏弹性行为的第一步：用应变扫描来确定材料线性行为的范围。

(2) 温度扫描

动态温度扫描模式是以一定的应变幅度和频率，施加不同温度的正弦形变，在每个温度下进行一次测试。温度的增加或减少可以是线性的或对数的，或者产生一系列离散的温度。在频率扫描中，需要确定的参数有：应变幅度、频率扫描方式和试验温度。动态温度扫描可以用来分析材料的时间依赖行为。

(3) 频率扫描

动态频率扫描模式是以一定的应变幅度和温度，施加不同频率的正弦形变，在每个频率下进行一次测试。频率的增加或减少可以是线性的或对数的，或者产生一系列离散的频率。在频率扫描中，需要确定的参数有：应变幅度、频率扫描方式和试验温度。动态频率扫描可以用来分析材料的时间依赖行为。

6.2.1 试件制备

检测试件制备的浸注液配方如表 6-1 所示，制备工艺如第 4 章确定的最优工艺。

表 6-1 不同 MAH 用量动态热机械性能检测样品

编号	检测材料简称	$PL_量$/%	各组分用量/%		
			St	MAH	AIBN
1	素材-F	—	—	—	—
2	VPC-F-(MMA+St+MAH)	55±2	20	3	0.25
3	VPC-F-(MMA+St+MAH)	55±2	20	5	0.25
4	VPC-F-(MMA+St+MAH)	55±2	20	7	0.25

按照试验要求，将塑合木材料分别制作成 53mm×10mm×2.2mm(纵向×弦向×径向)的试件，每种测试材料准备 3 个试件。

6.2.2 主要仪器

采用 TA 公司生产的 AR2000ex 旋转流变仪测试。使用专门为测试动态热分析配置的夹具(图 6-1)。下夹具为定子，上夹具为转子。试件被竖直固定在两个夹具之间，通过上夹具的转动给定正弦的交变应力。

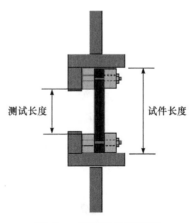

图 6-1 扭转夹具示意图

6.2.3　参数说明

在交变应力作用下，由于聚合物链段在运动时受到内摩擦力的作用，当外力变化时，链段的运动跟不上应力的变化，所以应变落后于应力，产生相位差 δ。对于理想弹性体，$\delta=0$，形变时外力做的功都作为势能存储起来，然后又转化成动能而释放出来；对于理想黏性体，$\delta=\pi/2$，外力对体系所做的功都转化为热量而损耗。因聚合物同时具有黏性和弹性，则 $0<\delta<\pi/2$，外力对体系做的功一部分被储存，另一部分损耗成热。

当聚合物材料受到交变应力 $\sigma=\sigma_0\sin\omega t$ 作用时，因为应变滞后于应力一个相位角 δ，故应变为 $\varepsilon=\varepsilon_0\sin(\omega t-\delta)$，该式展开如公式(6-1)：

$$\varepsilon = \varepsilon_0 \sin\omega t \cos\delta - \varepsilon_0\cos\omega t\sin\delta \qquad (6-1)$$

由式(6-1)可以看出，聚合物应变的一部分如同一般的弹性形变，是与应力同步的；而另一部分如同一般的黏性形变，与应力的相位差 $\pi/2$。此外，也可以通过控制聚合物应变来研究聚合物应力的变化情况。当 $\varepsilon=\varepsilon_0\sin\omega t$ 时，因应力变化比应变领先一个相位角 δ，故 $\sigma=\sigma_0\sin(\omega t+\delta)$，该式可以展开如公式(6-2)：

$$\sigma = \sigma_0 \sin\omega t \cos\delta + \sigma_0\cos\omega t\sin\delta \qquad (6-2)$$

可见，应力由两部分组成，一部分与应变同相位的应力，即 $\sigma_0\sin\omega t\cos\delta$，这是弹性形变的主动力；另一部分与应变相位相差 $\pi/2$ 的应力，即 $\sigma_0\cos\omega t\sin\delta$，所对应的形变是黏性形变，将消耗于克服摩擦力。若定义 G' 为同相位的应力和应变幅度的比值，G'' 为相位相差 $\pi/2$ 的应力和应变幅度的比值，则

$$G' = \frac{\sigma_0}{\gamma_0}\cos\delta \qquad (6-3)$$

$$G'' = \frac{\sigma_0}{\gamma_0}\sin\delta \qquad (6-4)$$

上式(6-3)和式(6-4)中，G' 为储能模量，与试样在每周期中储能的最大弹性成正比，反映材料形变时由于弹性形变储能的能量，表征材料的刚度；G'' 为损耗模量，与试样在每周期中以热的形式消耗的能量成正比，反映材料形变时以热的形式损耗的能量，表征材料的阻尼；δ 为力学损耗角，$\tan\delta$ 称为损耗角正

切(损耗因子)，与黏性耗散有关，在频率扫描曲线上出现的 $\tan\delta$ 峰称为内耗峰，其位置与形状具有"指纹"特性，与聚合物分子链段运动紧密相关(徐配弦，2003)。本章主要对 G'、G''和 $\tan\delta$ 等参数进行讨论。

6.2.4　测试条件

采用温度扫描的方法。将试件夹到图 6-1 所示的夹具之间，调整垫片厚度，使试件中心位置与夹具中心重合。调整 gap 值为 40000，即保证试件被测试距离为 40mm。然后将试件夹紧关闭炉门，设置温度为 25℃。待温度达到设置值，打开炉门，再次将夹试件的螺母上紧，关闭炉门，待温度再次达到25℃，保持 10min，开始测试。测试的温度范围为 25～250℃，频率为 1Hz，温度上升速率为 5℃/min，应变为 0.5%。

6.3　结果与讨论

6.3.1　线性黏弹性区域的确定

黏弹性材料在受到交变应力作用而产生形变时，一部分能量以弹性能的形式储存起来，另一部分能量则转化为热能耗散掉。材料的黏弹性分为线性和非线性两大类。若材料的性能表现为理想弹性和理想黏性的组合，即材料的应力与应变、应力与应变速率之间均存在线性关系，则称为线性黏弹性(王雁冰等，2004)。

所有的黏弹性材料均存在线性黏弹区域(Linear viscoelastic region)，在该区域内，材料的结构变化是可逆的，黏弹性试验数据的重现性好，且容易对其进行数学描述，对试验现象的解释也可以大大简化。当外力作用使材料的形变超出其自身的线性黏弹区域时，外力的作用会造成材料结构发生不可逆改变。所以，应力/应变响应的表现形式将变得复杂，诸如破坏力学(Mano，2002)。目前，对材料进行测定的黏弹谱仪和一些经典的黏弹性理论模型多以线性黏弹性作为理论基础。因此，在进行材料的黏弹性能研究时，必须保证材料的黏弹性试验是在其线性黏弹区域内进行。为了确定线性黏性区域，试验先进行了动态应变扫描来测定样品模量对于应变的依赖性(Nakano et al.，1990)。

图 6-2 为 VPC-F-(MMA+St+MAH)及素材在不同频率扫描下的储能模量 G'与应变幅度的关系图。从图 6-2 可以观察到，当应变幅度小于 1%时，不同频率

扫描下，塑合木及素材的 G' 基本上与应变幅度无关。本试验的应变设在 0.05%保证了测试的材料(素材和塑合木)的黏弹性试验是在其线性黏弹区域内进行。

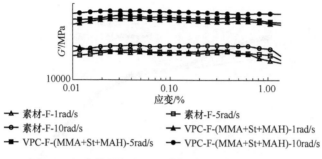

图 6-2　枫木单板塑合木及其素材的 G' 与应变的关系

6.3.2　枫木单板塑合木的动态热机械性能研究

6.3.2.1　储能模量与温度的关系

图 6-3 是 VPC-F-(MMA+St+MAH)(其中 St 用量为 20%，MAH 用量为 5% 和 AIBN 用量为 0.25%)与其素材的储能模量 G' 温度谱图。从图 6-3 中可以观察到，VPC-F-(MMA+St+MAH)和其素材试样的储能模量 G' 数值在初始阶段最大，而随温度的升高储能模量 G' 呈减小的趋势。这是因为在低温条件下木材分子和填充的聚合物分子运动的能量很低，在外力的作用下，只有一些小尺寸单元(如侧基、支链、主链或支链上的各种官能团以及个别链节)能运动(Sugiyama and Norimoto，1996)。随温度的逐渐升高，木材分子和填充的聚合物分子热运动能量增高，链段或链段的某些部分开始运动，并且运动越来越剧烈，造成储能模量值减小。VPC-F-(MMA+St+MAH)和其素材试样的储能模量 G' 都在 100~200℃之间出现平台，这一温度范围称玻璃化转变区；在 200℃左右处储能模量迅速降低。将图 6-3 与图 6-5 试样的损耗角正切 $\tan\delta$ 结合分析，发现 200℃左右半纤维素和木质素的玻璃化转化温度范围(160~200℃)，故出现了模量的明显变化。

从图 6-3 还可以观察到，VPC-F-(MMA+St+MAH)的储能模量 G' 在 25~100℃范围内高于素材，即塑合木的刚性高于素材。这是由于木材内填充了聚合物，使得木材的密度升高，聚合物与木材发生了交联化反应，聚合物与木材之间界面连接紧密，引起刚性增大，储能模量的升高。在 100~250℃范围内，

VPC-F-(MMA+St+MAH)塑合木储能模量 G' 与素材相当。分析这主要是由于一定分子量分布的共聚物中低分子量部分被吸附进入木材基质内部，在达到一定温度后产生运动引起的。

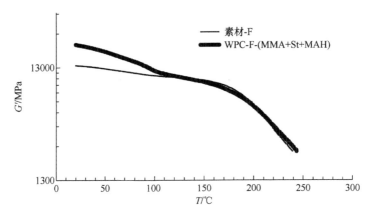

图6-3　枫木单板塑合木及其素材的 G' 与温度的关系

6.3.2.2　损耗模量与温度的关系

图6-4是 VPC-F-(MMA+St+MAH) 与素材的损耗模量 G'' 温度谱图。从图6-4中可以观察到，当温度处于玻璃化转变点以下时，素材的损耗模量值较低。这是由于木材分子和木材内浸注的聚合物分子被冻结，链段之间不存在相对迁移，加载时不需要克服链段间的摩擦力，故内耗非常小。但在 25～215℃ 温度范围内可以观察到，VPC-F-(MMA+St+MAH) 的损耗模量 G'' 明显高于素材，这是由于木材内填充了聚合物的分子量分布较宽，有大量小分子量聚合物(侧基、支链、主链或支链上的各种官能团以及个别链节)开始运动，加载时需要克服这些摩擦力做功，所以损耗模量较高。

从图6-4还可以观察到素材-F出现了两个松弛过程，第一个在65℃左右，第二个在215℃左右。素材-F 的第一个松弛过程，有研究表明是木材中某一化学成分发生了近似玻璃化转变引起的(Sugiyama et al., 1998)，具体原因现在还没有明确。一般认为全干状态下木素的热软化点为130～205℃，半纤维素的热软化点为 200～250℃，纤维素的热软化点为 200～250℃；纤维素结晶区发生热降解和破坏的温度为250～400℃，因此可以认为第二个松弛过程是由木材细胞壁无定形区中的聚合物发生热软化，聚合物分子在热作用下的微布朗运动引起的(Back and Salmen, 1982)。VPC-F-(MMA+St+MAH)损耗模量 G'' 温度谱图中也可以观察到两个松弛过程。VPC-F-(MMA+St+MAH)的第一个松弛过程发生在 105℃左右，分析这是单体聚合后生成的聚合物的主链的链段运动和侧基运动引起的。第二个松弛过程发生在 215℃左右，是木材的主要成分(纤维素和半纤维素)热降解引起的。

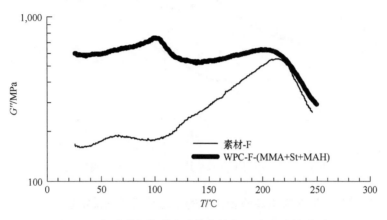

图 6-4　枫木单板塑合木及其素材的 G'' 与温度的关系

6.3.2.3　损耗角正切与温度的关系

图 6-5 是 VPC-F-(MMA+St+MAH)与素材的损耗角正切 $\tan\delta$ 温度谱图。损耗角正切 $\tan\delta$ 值表示损耗能量的相对大小，同一体系中峰值越大，表明链段松弛运动导致的大分子层内摩擦越大，相对损耗能力越大。损耗角正切 $\tan\delta$ 峰值展示出一系列的峰，每个峰都会对应一个特定的松弛过程。峰值对应的温度展现了一系列转变温度。其中，玻璃化转变温度(T_g)是度量高聚物链段运动的特征温度，也是聚合物性能的重要表征参数。在发生玻璃化转变时，材料的许多性能会发生急剧变化，特别是力学性能(Chow and Pickeles，1971)。

从图 6-5 中可以观察到，VPC-F-(MMA+St+MAH)与素材相比，在 25～215℃温度范围内损耗角正切 $\tan\delta$ 曲线明显升高。说明虽然处于主链段运动被"冻结"的状态，但是某些小于链段的小分子单元仍具有运动能力，因此在外力作用下，可以产生变形和能量吸收。而且正切 $\tan\delta$ 曲线峰值高，说明在 25～215℃温度范围内，VPC-F-(MMA+St+MAH)比素材的抗冲击性能更好。在 215℃左右的 T_g 峰变高，说明链段松弛转变困难，需要更大的能量，T_g 峰变宽，反映了链段运动的分散性大(主要是木材中填充的聚合物分子量分布宽)，说明链段松弛过程长。VPC-F-(MMA+St+MAH)在 105℃左右观察到聚合物玻璃化转变峰，因为制备塑合木的单体以 MMA 为主，因此观察到的玻璃化转变峰主要是 PMMA(玻璃化转变温度为 100℃左右)聚合物引起的。

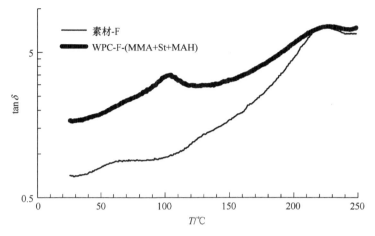

图 6-5　枫木单板塑合木及其素材的 tanδ 与温度的关系

6.3.3　马来酸酐用量对枫木单板塑合木的动态热机械性能的影响

图 6-6 是不同 MAH 用量制备的 VPC-F-(MMA+St+MAH)的储能模量 G'温度谱图，试验试件如表 6-1 所示。从图 6-6 中可以观察到，所有测试样的储能模量值 G'在初始阶段数值最大，在 100～200℃之间出现平台，在 200℃左右处储能模量 G'迅速降低。这明显是聚合物玻璃化转变的特征曲线峰形。

从图 6-6 还可以观察到，VPC-F-(MMA+St+MAH)的储能模量 G'随 MAH 用量的增大而先升高后降低，在 5%处出现极值。这是由于 MAH 的加入，使得木材内填充的聚合物与木材羟基产生了交联，引起 VPC-F-(MMA+St+MAH)刚性增大，储能模量的升高。并且随 MAH 的用量增加，接枝率增大，储能模量升高。但当 MHA 用量超过 5%时，会有剩余，反而会引起性能降低。

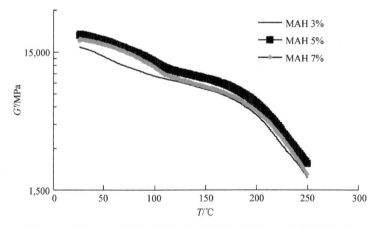

图 6-6　不同 MAH 用量制备的枫木单板塑合木的 G'与温度的关系

图 6-7 是不同 MAH 用量条件下制备的 VPC-F-(MMA+St+MAH)的损耗模量 G'' 温度谱图。从图 6-7 中可以观察到，在 MAH 用量为 5%和 7%时，VPC-F-(MMA+St+MAH)的损耗模量 G'' 都出现了两个松弛过程，第一个松弛发生在 100℃ 左右，第二个松弛发生在 215℃左右。说明聚合生成的聚合物与木材的连接非常紧密，而且聚合物的分子量分布较宽，需要克服链段间的摩擦力，故内耗非常大。而 MAH 用量为 3%时，在 100℃左右未出现松弛峰，且损耗模量数值 G'' 降低。这是由于当 MAH 用量 3%时，聚合生成的聚合物与木材的连接不够紧密，特别是聚合物分子量较大，当受载时木材分子和木材内浸注的聚合物分子被冻结，链段之间不存在相对迁移，加载时不需要克服链段间的摩擦力，故内耗非常小。

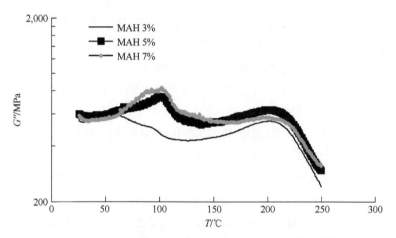

图 6-7　不同 MAH 用量制备的枫木单板塑合木的 G'' 与温度的关系

图 6-8 是不同 MAH 用量制备的 VPC-F-(MMA+St+MAH)的损耗角正切

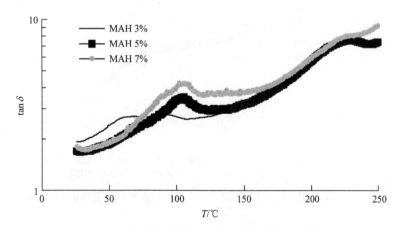

图 6-8　不同 MAH 用量制备的枫木单板塑合木的 $\tan\delta$ 与温度的关系

tanδ值温度谱图。从图 6-8 中可以观察到，当所处的温度远低于其玻璃化温度时，高分子的链段运动被"冻结"，形变主要由高分子链中原子间化学键的键长、键角改变所产生，材料表现出完全弹性性质，因而模量很高，tanδ小，力学状态为玻璃态。随温度的升高，能够自由运动的链段开始自由运动，但体系黏度还很高，损耗角正切 tanδ出现峰形，形变巨增。随 MAH 的加入，在100℃左右出现的玻璃化转变 tanδ值升高，可见这是由于 MAH 的加入使得聚合物与木材连接更紧密，所以聚合物的相分布峰体现了出来。

6.3.4 聚合增重率对枫木单板塑合木的动态热机械性能影响

影响枫木单板塑合木体系动态热机械性能的因素为：塑合木的聚合增重率、浸注药液的种类、聚合物分子量和塑合木制备方法等。这是由于分子间作用力的结果，在木材与高聚物两相界面附近的高聚物分子活性降低，从而出现塑合木的 G' 和 G'' 随温度变化的曲线与本体聚合物的不同。下面将探讨聚合增重率对塑合木的动态热机械性能的影响。

图 6-9 是不同聚合增重率的 VPC-F-(MMA+St+MAH)(其中 St 用量为20%，MAH 用量为 5%，AIBN 用量为 0.25%)的储能模量 G'温度谱图。从图 6-9 中可以观察到，随 VPC-F-(MMA+St+MAH)中聚合增重率的增大，塑合木的储能模量 G'先增加后减少，在聚合增重率 55%时出现极值。这是由于随聚合增重率的增加，VPC-F-(MMA+St+MAH)的密度增加，并且聚合物与木材的细胞壁有了键结合。在聚合增重率小于 55%时，塑合木中主体是木材；但当聚合增重率超过 55%后，塑合木主体变为聚合物。

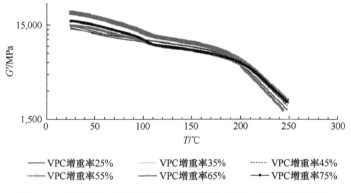

图 6-9　不同聚合增重率的枫木单板塑合木的 G'与温度的关系

图 6-10 是不同聚合增重率的 VPC-F-(MMA+St+MAH)的损耗模量 G''温度

谱图。从图 6-10 中可以观察到，所有 VPC-F-(MMA+St+MAH)在 215℃左右都出现了松弛过程。但是，在 100℃左右出现松弛过程，却是随聚合增重率的增高而出现的，并随聚合增重率的增加松弛峰的峰高增大，峰形也变得更加的明显。这是由于随聚合增重率的增加，塑合木的体系由木材为主变为以填充的聚合物为主，聚合物的链段松弛得以体现。

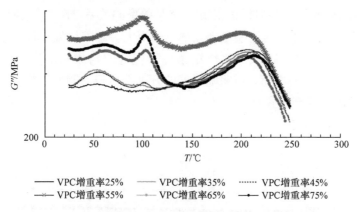

图 6-10　不同聚合增重率的枫木单板塑合木的 G'' 与温度的关系

　　图 6-11 是不同聚合增重率的 VPC-F-(MMA+St+MAH)的损耗角正切 $\tan\delta$ 温度谱图。从图 6-11 中可以观察到，不同聚合增重率制备的 VPC-F-(MMA+St+MAH)的损耗角正切 $\tan\delta$ 温度谱图与储能模量 G' 温度谱图变化趋势相似。在 100℃左右的损耗峰，随聚合增重率的增高而出现，并随聚合增重率增高损耗峰峰高增大，峰形也变得更加的明显。

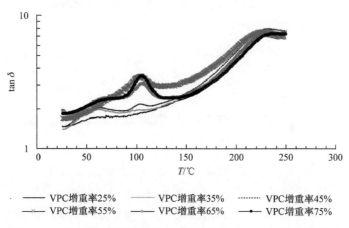

图 6-11　不同聚合增重率的枫木单板塑合木的 $\tan\delta$ 与温度的关系

6.3.5 频率对枫木单板塑合木的动态热机械性能影响

一般动态热机械性能测试，频率选择 0.1～10Hz(1Hz=6.28rad/s)(狄海燕等，2007)，因为此频率有利于监测聚合物分子结构中各运动单元的松弛特性。

图 6-12、图 6-13 和图 6-14 分别是 VPC-F-(MMA+St+MAH)(其中 St 用量为20%，MAH 用量为 5%，AIBN 用量为 0.25%)及枫木素材在恒温条件下的储能模量 G'、损耗模量 G'' 和损耗角正切 $\tan\delta$ 与频率的关系谱图。从图 6-12 可以观察到，所有测试试件的储能模量受频率影响不大。25℃恒温条件下塑合木比素材的储能模量 G' 高，而 100℃恒温条件下塑合木与素材的数值相当。这与图 6-3 观察到的结果相同。说明随温度的升高，材料的刚性下降。在室温条件下，塑合木的刚性高于素材。

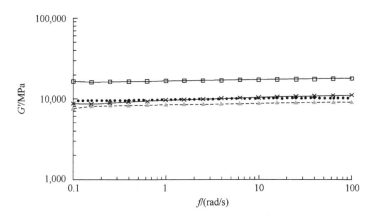

•••••素材25℃　—□—VPC25℃　--▲--素材100℃　—×—VPC100℃

图 6-12　枫木单板塑合木及其素材的 G' 与频率的关系

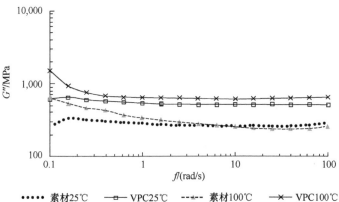

•••••素材25℃　—□—VPC25℃　--▲--素材100℃　—×—VPC100℃

图 6-13　枫木单板塑合木及其素材的 G'' 与频率的关系

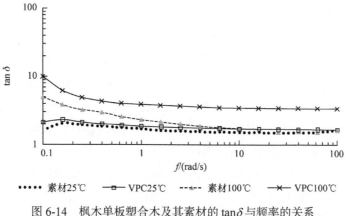

图 6-14　枫木单板塑合木及其素材的 tanδ 与频率的关系

从图 6-13 中可以观察到，随温度升高 VPC-F-(MMA+St+MAH)和素材的损耗模量增大，同一温度条件下 VPC-F-(MMA+St+MAH)的损耗模量大于素材。这与图 6-4 观察到的结果相同。说明枫木塑合木较素材来说，趋向于黏性材料。

从图 6-14 中可以观察到，同一温度条件下 VPC-F-(MMA+St+MAH)的损耗角正切 tanδ 大于素材。在低温 25℃条件下，素材和 VPC-F-(MMA+St+ MAH)的损耗角正切 tanδ 随频率的增加先增大后趋于定值。说明在低温条件下，随频率的增高，材料的损耗增大后趋于定值。这主要是由于，低温下材料只有少量小分子聚合物的链段或链段的侧基运动，随频率的增加，链段的运动跟不上应力的变化，聚合物链段在运动时受到内摩擦力的作用增大，相对损耗能量增大。随频率的继续增加，此温度下运动的链段数量有限，故产生的摩擦力也是有限的，所以损耗能出现量趋于定值。在高温 100℃条件下，素材的损耗角正切 tanδ 随频率的增加一直减少；而 VPC-F-(MMA+St+MAH)的损耗角正切 tanδ 随频率的增加先减小后趋于定值。这是由于，100℃左右是塑合木中填充的聚合物的玻璃化转变温度，在此温度下大量聚合物链段产生运动，所以损耗能量大，而随频率的升高链段的运动出现活性降低，故损耗降低。

6.4　本 章 小 结

本章通过测定枫木单板塑合木的动态力学性能，研究木材、聚合物分子链、结构与性能的关系；探讨关于塑合木的特性，注入的聚合物系统对塑合木的转化温度有什么影响，塑合木的动力学性质与其物理性质有什么关系；考察不同聚合物及不同聚合物添加量对木材基本运动单元的影响，从而获得有关塑合木的微观结构、分子运动及其转变等的重要信息，主要结论如下。

(1) VPC-F-(MMA+St+MAH)(其中 St 用量为 20%，MAH 用量为 5%，AIBN 用量为 0.25%)的储能模量值 G' 在初始阶段数值最大，而随温度的升高储能模量呈减小趋势，大约在 100～200℃之间出现平台，在 200℃左右处储能模量迅速降低。在 25～100℃范围内，VPC-F-(MMA+St+MAH)的储能模量 G' 高于素材，说明枫木塑合木的刚性高于素材。

(2) VPC-F-(MMA+St+MAH)(其中 St 用量为 20%，MAH 用量为 5%，AIBN 用量为 0.25%)与素材相比，损耗模量 G'' 明显升高，在其谱图中可以观察到两个松弛过程。第一个松弛过程发生在 105℃左右，是木材中聚合物的主链的链段运动和侧基运动引起的；第二个松弛过程发生在 215℃左右，是木材的主要成分(纤维素和半纤维素)软化引起的。

(3) VPC-F-(MMA+St+MAH)(其中 St 用量为 20%，MAH 用量为 5%，AIBN 用量为 0.25%)与素材相比，在 215℃左右的 T_g 峰增高变宽，说明链段松弛转变困难，需要更大的能量，链段运动的分散性大，说明链段松弛过程长。枫木单板塑合木在 105℃左右观察到聚合物玻璃化转变峰，因为制备塑合木的单体以 MMA 为主，因此观察到的玻璃化转变峰是聚合物(PMMA 的玻璃化转变温度为 100℃左右)引起的。在木材主要成分的降解温度(220℃左右)以下，VPC-F-(MMA+St+MAH)与素材相比抗冲击性提高。

(4) VPC-F-(MMA+St+MAH)的储能模量 G' 随 MAH 用量的增大而先升高后降低，在 MAH 用量 5%处出现极值。MAH 用量为 5%和 7%制备的 VPC-F-(MMA+St+MAH)塑合木的损耗模量 G'' 都出现了两个松弛过程，第一个在 100℃左右，第二个在 215℃左右。而 MAH 用量为 3%时，只在 215℃出现了一个松弛过程，而在 100℃左右未出现松弛。

(5) 不同聚合增重率的 VPC-F-(MMA+St+MAH)(其中 St 用量为 20%，MAH 用量为 5%，AIBN 用量为 0.25%)随聚合增重率的增加，塑合木的储能模量 G' 先增加后减少，在聚合增重率 55%时出现极值。所有不同聚合增重率的 VPC-F-(MMA+St+MAH)塑合木在 215℃左右都出现了松弛过程。但是，在 100℃左右出现松弛过程，却是随聚合增重率的增高而出现的，并随聚合增重率的增加松弛峰的峰高增大，峰形也变得更加的明显。VPC-F-(MMA+St+MAH)在 100℃左右的损耗峰，是随聚合增重率的增加而出现的，并随聚合增重率的增高损耗峰峰高增大，峰形也变得更加的明显。

(6) VPC-F-(MMA+St+MAH)(其中 St 用量为 20%，MAH 用量为 5%，AIBN 用量为 0.25%)在 25℃条件下，素材和 VPC-F-(MMA+St+MAH)的损耗角正切 $\tan\delta$ 随频率的增加先增大后趋于定值；在 100℃条件下，素材和 VPC-F-(MMA+St+MAH)的损耗角正切 $\tan\delta$ 随频率的增加先减小后趋于定值。

第7章　枫木单板塑合木燃烧性能的研究

7.1　引　　言

　　火灾对生命、财产和环境的危害主要由材料燃烧的热效应和烟效应两方面决定。热效应是指材料燃烧时放出的热能以辐射、对流和传导三种方式向周围环境传播而引起对生命、财产和建筑结构的热损害；烟效应指材料燃烧时放出烟雾和有毒气体对生命、环境造成的损害。材料的火灾危害实质上是材料潜在的热危害和烟气危害的综合表现。因此，评价材料的火灾危害必须从这两方面着手，分析材料在火灾条件下造成热危害和烟气危害的燃烧特性。

　　锥形量热仪(CONE)是美国国家科学技术研究所(NIST)于20世纪80年代初开发的用于测试材料燃烧性能的小型火灾试验装置，该仪器具有设计新颖、测试简便、准确等优点(王清文等，2007)，被公认为是火灾试验技术史上一项非常重要的进展。由于锥形量热仪试验数据与大型火灾试验(如 ISO9705)中材料的燃烧行为具有相关性，而锥形量热仪试验比大比例火灾试验简便、经济，而且锥形量热仪试验能够同时获取材料燃烧时有关热、烟、质量变化及烟气成分等多种信息，因而锥形量热仪试验法能获得具有说服力的结果，并在火灾科学、消防工程、材料阻燃等研究领域的应用越来越广泛。

　　木材和有机化合物主要由碳元素和氢元素组成，由于这个原因，所以它们都是可燃的。当木材作为燃料使用时木材的可燃性是有利的，但作为建筑材料时是不利的。塑合木不仅保留了木材的天然优良性能，而且弥补了其固有的缺点，并赋予新的优良性能(如吸水率低、尺寸稳定性好、耐腐蚀性强、机械强度高、耐疲劳、使用寿命长等)，被广泛地用于高档家具、拼花地板、家具楼梯踏板、铁道枕木、工艺品等方面(贺宏奎等，2005；Babrauskas，1993)。但由于木材自身的可燃性以及在处理中又注入了可燃的聚合物，所得塑合木的燃烧热值可能升高，因而分析其燃烧性状(Lutomski，1990)，了解其阻燃机理，采用适宜的处理方法以赋予其阻燃功能已普遍得到关注(Rgun et al.，2007)。

　　本章根据锥形量热仪试验，对不同浸注液配方制备的枫木单板塑合木、最优配方制备的阻燃枫木单板塑合木和对应的枫木素材的燃烧性能，及聚合增重率对燃烧性能的影响做了分析评价。

7.2　试　验

7.2.1　材料与仪器设备

(1) 木材：枫木旋切单板，尺寸为 1250mm×130mm×2.2mm(纵向×弦向×径向)，含水率(8±2)%。试验加工成规格板材尺寸为 100mm×100mm×2.2mm(纵向×弦向×径向)，含水率 6%的试件，用于制备枫木塑合木和阻燃枫木塑合木材料。

(2) 浸注药品：如第 3 章表 3-2 所示。FRW 阻燃剂(质量分数 10%)，东北林业大学重点试验室研制。

(3) 制备设备：如第 4 章的图 4-1 所示。

(4) 检测仪器：锥形量热仪(CONE)。

7.2.2　试验样品的制备

燃烧性能检测的样品如表 7-1 所示。

表 7-1　燃烧性能检测样品

检测材料简称		FRW 载药量/%	$PL_{聚}$/%	各组分用量/%		
				St	MAH	AIBN
不同配方的枫木单板塑合木	素材-F	—	—	—	—	—
	WPC-F-MMA	—	55	—	—	0.25
	VPC-F-(MMA+St)	—	55	20	—	0.25
	VPC-F-(MMA+MAH)	—	55	—	5	0.25
不同聚合增重率的枫木单板塑合木	VPC-F-(MMA+St+MAH)	—	55	20	5	0.25
	VPC-F-(MMA+St+MAH)	—	35	20	5	0.25
	VPC-F-(MMA+St+MAH)	—	75	20	5	0.25
不同聚合增重率的阻燃枫木单板塑合木	VPC-Z-F-(MMA+St+MAH)	10	35	20	5	0.25
	VPC-Z-F-(MMA+St+MAH)	10	55	20	5	0.25
	VPC-Z-F-(MMA+St+MAH)	10	75	20	5	0.25

枫木塑合木制备工艺：枫木单板→烘箱干燥→装入处理罐→抽真空处理(真空度 –0.1MPa，时间 10min)→氮气加压浸注处理液(压力 1.0MPa，时间 30min)→氮气保护下加热固化[温度(85±5)℃，时间 100min]→后真空处理真空

度–0.1MPa，时间 10min)→枫木塑合木。

阻燃枫木单板塑合木制备工艺：枫木单板→烘箱干燥→装入处理罐→抽真空处理(真空度–0.1MPa，时间 10min)→氮气加压浸注 FRW 阻燃剂(压力1.0MPa，时间 30min)→干燥试件→抽真空处理(真空度–0.1MPa，时间30min)→氮气加压浸注处理液(压力 1.0MPa，时间 30min)→氮气保护下热引发聚合[温度(85±5)℃，时间 100min]→后真空处理(真空度–0.1MPa，时间10min)→阻燃枫木塑合木。

将上述制备的枫木单板塑合木、阻燃枫木单板塑合木及枫木单板素材放到相对湿度为(50±6)%、温度为(23±2)℃的恒温恒湿箱中调节至质量恒定(测量的时间间隔为 6h，两次测量误差不大于 0.2%)，用于锥形量热仪试验。

7.2.3　枫木单板塑合木聚合增重率和阻燃剂载药量计算

枫木单板塑合木及阻燃枫木塑合木的聚合增重率，可根据第 3 章的公式(3-3)进行计算。燃烧性能检测试件的聚合增重率、FRW 阻燃剂载药量如表 7-1 所示。

阻燃枫木单板塑合木中 FRW 阻燃剂载药量 A 根据公式(7-1)计算。

$$A = \frac{(W_2 - W_1) \times 0.1}{W_2} \times 100\% \tag{7-1}$$

其中：A ——载药量，%；

　　　　W_2 ——试件进行 FRW 处理后的质量，g；

　　　　W_1 ——试件进行 FRW 处理前的质量，g。

7.2.4　燃烧性能检测条件

每组检测试件选取 2 块样品，用于检测试验。

采用 FTT 公司生产的标准型锥形量热仪，参照 ISO5660-1 标准进行燃烧性能测试试验。将样品除加热面以外的所有面用铝箔纸包覆，并用不锈钢丝网保护样品，以避免样品受热和燃烧过程中翘曲和膨胀，鉴于样品较薄，根据初步试验结果选择热辐射通量为 35kW/m^2，气体体积流速 24L/s。

前期试验做过落叶松单板的阻燃研究，发现 FRW 阻燃剂载药率达到 10%左右时，再增加载药率对降低 HRR 和 THR 已经没有明显的作用(如图 7-1 和图 7-2 所示)，这与阻燃剂处理大尺寸实木的效果相类似(王清文等，2000)，而且考虑材料成本因素，阻燃剂载药量不宜过高。所以制备阻燃枫木塑合木时，其 FRW 阻燃剂的载药率控制在(10±1)%。

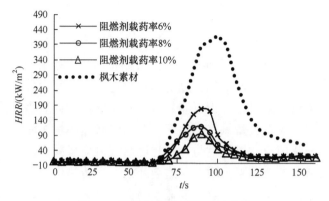

图 7-1　阻燃枫木单板的 *HRR* 曲线

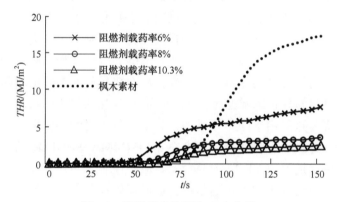

图 7-2　阻燃枫木单板的 *THR* 曲线

7.3　结果与讨论

7.3.1　热释放性能

7.3.1.1　热释放速率(*HRR*)

热释放速率(*HRR*)是指在预设的热辐射强度下，样品引燃后单位面积上释放热量的速率，是最重要的燃烧参数之一，也被称为火强度(舒中俊等，2007)。热释放速率的最大值称为热释放速率峰值。大量的研究表明(李坚等，2002；许民等，2001；王清文等，1999；Tran and White，1992；卢国建等，2005)，成碳型的木质材料在燃烧的过程中大多会出现两个热释放速率峰值。然而，本试验的图 7-3 和图 7-4 中的热释放速率曲线均只出现了一个放热峰，这是由于材料的厚度相对较薄(2.2mm)，样品被点燃后很快燃尽，因此只出现了一个放热峰。

图 7-3 为不同浸注液配方制备的枫木单板塑合木及其素材的热释放速率-时间曲线图。从图 7-3 中可以观察到所有配方制备的枫木单板塑合木与其素材相比，其热释放速率峰值都略降低，燃烧热释放速率随时间的分布区域均变宽。热释放速率峰值低于素材，分析可能是由于木材燃烧为耗氧燃烧，而素材的大量孔隙内为空气，含有大量氧气，故素材燃烧势必速率快。而塑合木单板内的大量孔隙被聚合物填充，燃烧时与素材相比氧气供应量减少，尤其是空隙堵塞造成流体在材料内的流动阻力增大，这会降低对流传热作用，虽然塑合木相同面积的物质含量比素材高，但热释放速率峰值却略低于素材，其分布区域宽于素材。从图 7-3 中还可以观察到，加入 St 后制备的塑合木 VPC-F-(MMA+St)和VPC-F-(MMA+St+MAH)的热释放速率峰值均降低，燃烧热释放速率随时间的分布区域也均变宽，分析这可能是由于 St 单体侧基拥有体积庞大的苯环，空间位阻增大，对共聚链的内旋转不利，使共聚链的刚性增加，则可提高聚合物的热稳定性，使得聚合物的热解速率变慢，从而热释放速率峰值均降低，燃烧热释放速率随时间的分布区域也均变宽。但如果 St 用量过大，会使热变形温度有一定程度下降。这是由于随苯环增多，分子与分子之间的作用力减小，聚合物热性能下降。并且所有浸注液配方中 VPC-F-(MMA+St+MAH)的总热释放量峰值最低。分析这是由于 VPC-F-(MMA+St+MAH) 制备的单板塑合木中 MAH 的加入，使得聚合物与木材连接更紧密，造成流体在材料内的流动阻力增大，降低对流传热作用所致。

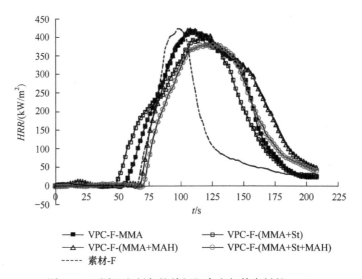

图 7-3　不同配方制备的单板塑合木与其素材的 *HRR*

　　图 7-4 为阻燃和未阻燃处理的枫木单板，用最优配方浸注液制备的不同聚合增重率的枫木单板塑合木及其素材的热释放速率-时间曲线图。由图 7-4 可以观察到，无论是阻燃处理还是未阻燃处理的枫木单板塑合木，其热释放速率峰值均随聚合增重率的增加而变高，区间分布也均明显变宽。这是因为随着聚合增重率的增加，枫木单板塑合木和阻燃枫木单板塑合木内木材的孔隙虽然少了，但由于可燃性的聚合物剧增，燃烧生成的可燃物质增多，燃烧更加剧烈，热释放速率峰值必然增加，其分布区域也必将变宽。

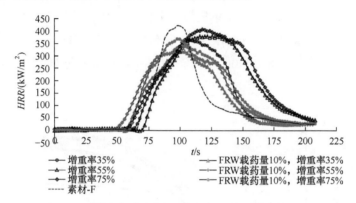

图 7-4　不同聚合增重率的单板塑合木与其素材的 *HRR*

　　阻燃枫木单板塑合木的热释放速率峰值明显低于枫木单板塑合木和枫木素材，分布区域宽于枫木素材。这是由于 FRW 阻燃剂作用，使阻燃枫木单板塑合木向着有利于生成炭质的方向进行(如图 7-15 所示)，这样减少了挥发性可燃有机物的生成，从而降低了木材燃烧时的热释放速率。

　　热释放速率峰值降低，分布区域变宽，说明燃烧反馈给材料表面的热量减少，结果造成材料热解速度减慢和挥发可燃物生成量减少，从而将有利于抑制火灾发生时火势的蔓延。而它的热释放速率峰值与枫木素材相比出现时间延长，这有利于材料燃烧时的热扩散，抑制温度的升高，降低热释放速度，从而减缓材料的燃烧(王清文等，2004)。

7.3.1.2　总热释放量(*THR*)

　　总热释放量(*THR*)是单位面积的材料在燃烧全过程中所释放的热量总和(王清文等，2000)。材料的总热释放量愈大，材料燃烧所释放出来的热量就愈多，一般情况下火灾危险就愈大。

　　图 7-5 为不同浸注液配方制备的枫木单板塑合木及其素材的总热释放量-时

间曲线图。由图 7-5 可以看出，与热释放速率不同，燃烧结束时，所有配方制备的枫木塑合木的总热释放量均较其枫木素材的总热释放量高。不过，在燃烧前期(大约前 110s)，所有配方制备的枫木单板塑合木的总热释放量都低于其枫木素材，即燃烧初期塑合木的燃烧放热相对较慢，强度相对较弱。燃烧后期(大约超过 110s)，枫木单板塑合木的总热释放量高于枫木单板素材。由于枫木单板塑合木和阻燃枫木单板塑合木的木材的孔隙内填充聚合物，使得相同体积条件下，枫木单板塑合木所含的物质的量与枫木单板素材相比增加，枫木单板塑合木的密度高于枫木单板素材，故出现枫木单板塑合木总热释放量高于枫木素材。由图 7-5还可以观察到，加入 St 后制备的 VPC-F-(MMA+St) 和 VPC-F-(MMA+St+MAH)的总热释放量与未加的相比降低；VPC-F-(MMA+St+MAH)的总热释放量较其他配方的低。

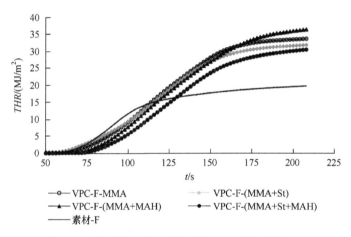

图 7-5　不同配方制备的单板塑合木与其素材的 THR

　　图 7-6 为阻燃和未阻燃处理的枫木单板塑合木及其素材的热释放速率-时间曲线图。由图 7-6 可以看出，随聚合增重率的增加，枫木单板塑合木和阻燃枫木单板塑合木(在 FRW 阻燃剂载药率同为 10%的情况下)的总热释放量增加。并随聚合物量的增加，加热分解的可燃物质增多，总热释放量必将增大。阻燃枫木单板塑合木的总热释放量明显低于枫木单板塑合木但高于其枫木素材，这主要是由于 FRW 阻燃剂作用，使阻燃枫木塑合木向着有利于生成炭质的方向进行(如图 7-15所示)，这样减少了挥发性可燃有机物的生成，从而降低了木材燃烧时的总热释放量。但由于聚合物的填充，还是使得总热释放量明显高于其枫木素材。

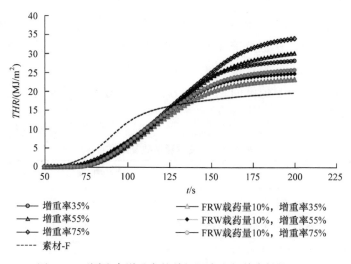

图 7-6　不同聚合增重率的单板塑合木与其素材的 *THR*

7.3.2　耐燃性能

7.3.2.1　点燃时间和熄火时间

点燃时间(*TTI*)是在一定热辐射强度下，材料表面产生有焰燃烧所需要的持续点火的时间。材料的点燃时间一般随热辐射强度的升高而缩短，随样品厚度增加而延长。点燃时间愈长则表明材料在火或高温条件下愈不易被点燃，则材料发生火灾的概率就相对较小，说明这种材料的安全性就越高。

聚合物开始燃烧前在空气中被外界热源不断加热，随着温度升高聚合物分子链的弱键处开始断裂，当聚合物大分子链发生迅速断链时，就会导致聚合物的迅速分解，产生挥发性的热裂解产物，这些挥发性气体产物根据其燃烧性能及产生的速度，在外界热源的继续作用下，达到某一温度时会着火，以一定的速度燃烧起来。热裂解过程中持续可燃性气体的产生是聚合物点燃和持续燃烧的关键。

从表 7-2 中可以观察到，枫木单板塑合木点燃时间滞后于素材。可见，枫木单板塑合木的耐点燃性比素材有所提高。枫木单板塑合木熄火时间与素材相当。阻燃枫木单板塑合木的点燃时间略低于枫木单板塑合木和其枫木素材。分析这是因为 FRW 阻燃剂加入后，材料受热后并不是迅速燃烧，从而阻止了外部辐照热(锥形加热器提供)向材料内部传递(黄险波，2005)，所以表面热量积累，使表面层温度迅速升高，导致表层较早地发生热降解，产生可燃性挥发物质，最终导致点燃时间的提前。而阻燃枫木单板塑合木与枫木单板塑合木相比，熄火时间延长。这是由于 FRW 阻燃剂加入后，材料表层生成的炭层可使材料表层呈封闭状态，阻止可燃性气体从材料内逸出和进入火焰区，所形成的炭层不能燃烧，并有自熄倾向，所以阻燃塑合木材料的燃烧过程变为平缓，燃烧时间延长。

表 7-2　火灾性能指数及耐燃性

编号	材料	$PL_量$/%	点燃时间/s	熄火时间/s	FPI
1	素材-F	—	49	176	0.123
2	VPC-F-MMA	55	50	182	0.123
3	VPC-F-(MMA+St)	55	49	168	0.124
4	VPC-F-(MMA+MAH)	55	63	166	0.150
5	VPC-F-(MMA+St+MAH)	35	54	175	0.131
6	VPC-F-(MMA+St+MAH)	55	60	180	0.158
7	VPC-F-(MMA+St+MAH)	75	51	177	0.128
8	VPC-Z-F-(MMA+St+MAH)	35	49	184	0.143
9	VPC-Z-F-(MMA+St+MAH)	55	46	209	0.135
10	WPC-Z-F-(MMA+St+MAH)	75	48	196	0.136

7.3.2.2　火灾性能指数(FPI)

通常使用火灾性能指数(fire performance index，FPI)来表征火灾危害，该指数被定义为点燃时间同峰值热释放速率的比值(陈晓剑和梁梁，1993)。许多研究表明，它同封闭空间(如室内)火灾发展到轰燃临界点的时间，即"轰燃时间"有一定的相关性。FPI 越大，轰燃时间越长。而轰燃时间值一定程度上代表了材料燃烧所具有的潜在危险性，是消防工程设计中的一个重要参数，它是设计消防逃生时间的重要依据。由表 7-2 可以看出，枫木单板塑合木单板的 FPI 值均大于相应素材单板的 FPI 值，特别是经 FRW 阻燃剂处理的塑合木材料其 FPI 明显大于枫木素材。即枫木素材的 FPI<枫木单板塑合木的 FPI<阻燃枫木单板塑合木材料的 FPI，轰然时间延长，降低了燃烧的潜在危险性。

7.3.3　发烟性能

7.3.3.1　烟比率(SR)

烟比率 SR 即为试验中测得的瞬时消光系数 k，单位是 m^{-1}。$k = L^{-1}\ln(I_0 \cdot I^{-1})$。$I_0$ 表示入射光强度；I 表示投射光强度；L 表示穿过烟道的光路长度(单位是 m)。SR 随时间变化，代表某时刻烟"浓度"。烟比率越低，表示烟气体积分数越小。

图 7-7 为不同浸注液配方制备的枫木单板塑合木及其素材的烟比率-时间曲线图。由图 7-7 可观察到，烟比率曲线出现了两个峰。第一发烟峰是点燃初期出现的，分析主要是由于燃烧初期烟雾中含有较多的水蒸气等不燃性挥发物和聚合物解聚后气化的单体，以及由于燃烧温度较低和相对缺氧等原因而产生的未彻底氧化的有机物质形成的。所有配方制备的枫木单板塑合木与其素材相比，其烟比率峰值均升高，分布区域均变宽。这主要是由于随温度的升高，聚合物链段将全解聚成单体使得塑合木的烟释放速率高于其素材。并且，可以看到加入 St 后制备枫木单板塑合木的烟比率第二峰值明显增大，分布区间也明显变宽，而加入 MAH 后制备塑合木的烟比率第二峰值明显减小，分布区间也明显变窄。这与报道的用 MMA 制造的塑合木材料是无烟的，但是用 St 类型单体制造的塑合木材料产生浓烟相吻合。

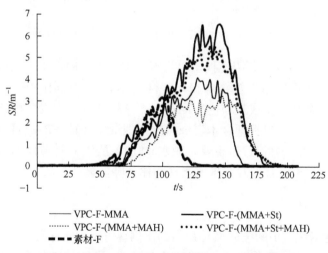

图 7-7　不同配方制备的单板塑合木与其素材的 SR

图 7-8 为阻燃和未阻燃处理的枫木单板，用最优浸注液配方，经最优工艺制

备的不同聚合增重率的枫木单板塑合木及其素材的烟比率-时间曲线图。由图 7-8
可观察到，枫木单板塑合木和阻燃枫木单板塑合木的第一发烟峰值随聚合增重率
的增加而增高，分布区间也明显变宽。主要是因为随聚合增重率的增加，聚合物
在初始燃烧阶段解聚生成的单体量增多。枫木单板塑合木烟比率第二峰值高于枫
木素材，这主要是由于聚合物在燃烧初期解聚成单体和较长的聚合物链段；随温
度的升高，聚合物链段将全解聚成单体。聚合物在 270～400℃之间几乎完全解
聚成单体(张军等，2005)。高温下，MMA 和 St 以气态形式存在，使得塑合木的
烟释放速率高于其素材，并且，随浸注木材聚合增重率的升高，必然烟比率峰值
变高，分布区域变宽。

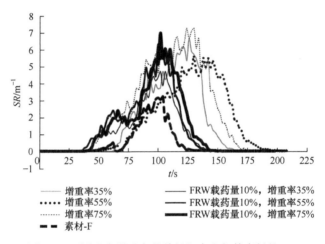

图 7-8　不同聚合增重率的单板塑合木与其素材的 *SR*

　　由图 7-8 还可观察到阻燃枫木单板塑合木由于 FRW 阻燃处理，其烟比率
的峰值明显低于枫木单板塑合木和其素材。FRW 阻燃剂作用，使阻燃枫木单
板塑合木向着有利于生成炭质的方向进行，这样减少了挥发性可燃有机物的生
成，从而减少了枫木单板塑合木燃烧时的产烟量。并且 FRW 阻燃剂催化木材
热解生成不燃性产物的反应(主要是脱水)增加。所以，阻燃枫木单板塑合木的
烟比率与枫木单板塑合木及其枫木素材相比，降低显著。

7.3.3.2　CO 浓度

　　CO 浓度指尾气中的 CO 气体所占的比例。对于木质材料，烟气的毒性主要
取决于其中一氧化碳的含量，一氧化碳含量越低，烟气毒性越小。图 7-9 为不同
浸注液配方制备的枫木单板塑合木及其素材的 CO 浓度-时间曲线图。由图 7-9
可以观察到，所有配方制备的枫木单板塑合木与其素材相比，其 CO 浓度曲线峰

值分布范围变宽，达到峰值的时间延长。前期有焰燃烧阶段(平缓部分)，CO 释放要远远低于后期红热燃烧阶段。主要因为塑合木单板燃烧速度较慢，炭化慢，一氧化碳的生成速度慢，浓度低。还可以观察到，WPC-F-(MMA+St)和 WPC-F-(MMA+St+MAH)的 CO 浓度曲线峰值都略高于 WPC-F-MMA 和 WPC-F-(MMA+MAH)，也均高于其素材的。这可能与聚 MMA 燃烧释放的 CO 量本身就很低，因此对木材的影响也会较小有关(王清文，2002)。加入 St 后，聚合物燃烧生成的 CO 浓度增加。总体来说枫木单板塑合木燃烧时，并没有因聚合物的加入使 CO 浓度增大，而是与素材相当或略有降低。

　　图 7-10 为阻燃和未阻燃处理的枫木单板，用最优浸注液配方制备的不同聚

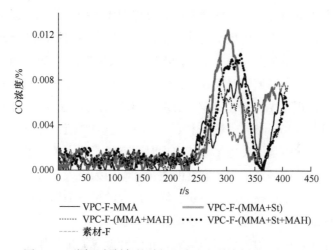

图 7-9　不同配方制备的单板塑合木与其素材的 CO 浓度

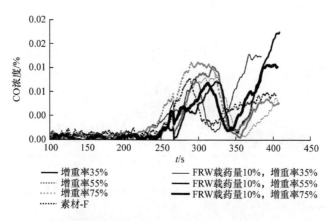

图 7-10　不同聚合增重率的单板塑合木与其素材的 CO 浓度

合增重率的枫木单板塑合木及其素材的 CO 浓度-时间曲线图。由图 7-10 可观察到，阻燃处理后，FRW 阻燃剂作用，使阻燃枫木单板塑合木向着有利于生成炭质的方向进行，从而减少了枫木单板塑合木燃烧时的 CO 浓度。并且，FRW 阻燃剂催化木材热解生成不燃性产物的反应(主要是脱水)增加。故阻燃枫木单板塑合木与枫木单板塑合木相比，烟比率显著降低。

7.3.4 质量变化

7.3.4.1 质量损失速率(MLR)

质量损失速率 MLR 表示材料在试验过程中质量损失的减小速率，反映了材料在试验热辐射条件下热解反应的速率。图 7-11 为不同浸注液配方制备的枫木塑合木及其素材的质量损失速率-时间曲线图。由图 7-11 可观察到，素材质量损失速率只出现了一个峰值，时间在 80~120s 左右。所有配方制备的枫木塑合木质量损失速率出现了两个峰值，第一个峰值出现的时间在 80~120s，第二个峰值出现的时间在 120~150s。塑合木第二个质量损失峰值，分析是木材内聚合物热解引起的。素材质量损失速率峰值出现时间略早于枫木单板塑合木第一个峰值出现的时间，分析这是由于枫木素材的大量孔隙内为空气，含有大量氧气，燃烧势必速率快，进而质量损失速率也快，峰值出现的早。而枫木单板塑合木与其素材相比，其内部的大量孔隙被聚合物填充，燃烧时氧气供应量减少，尤其是空隙堵塞造成流体在材料内的流动阻力增大，这会降低对流传热作用，故质量损失速率峰值出现的晚，且质量损失速率曲线分布变宽。

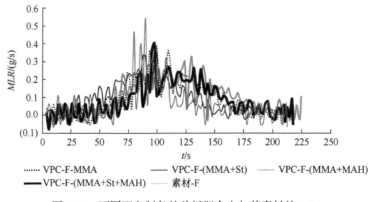

图 7-11　不同配方制备的单板塑合木与其素材的 MLR

图 7-12 为阻燃和未阻燃处理的枫木单板，用最优浸注液配方制备的不同聚合增重率的枫木单板塑合木及其素材的质量损失速率-时间曲线图。由图 7-12 可观察到阻燃处理后，与枫木素材和枫木单板塑合木相比，阻燃枫木单板塑合木的质量损失速率第一峰值出现时间提前了。这是由于 FRW 阻燃剂加入后，加速了材料向成炭的方向分解。

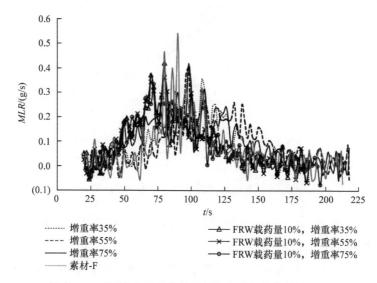

图 7-12　不同聚合增重率的单板塑合木与其素材的 *MLR*

7.3.4.2　残余物质量(*Mass*)

残余物质量 *Mass* 表示材料在试验过程中某一时刻试样的质量。图 7-13 为不同浸注液配方制备的枫木单板塑合木及其素材的残余物质量-时间曲线图。由图 7-13 可观察到，在整个燃烧过程中，所有配方制备的枫木单板塑合木残余物质量曲线均高于素材的。这主要是由于，枫木单板塑合木中填充了聚合物，其密度相对枫木素材要高，相同体积下质量就高于枫木素材。塑合木单板与素材相比，其内部的大量孔隙被聚合物填充，燃烧时氧气供应量减少，尤其是空隙堵塞造成流体在材料内的流动阻力增大，这会降低对流传热作用，故在燃烧相同时间条件下，残余物质量就多。还发现整个燃烧过程中，加入 St 后制备的 VPC-F-(MMA+St) 和 VPC-F-(MMA+St+MAH) 相对 VPC-F-MMA 和 VPC-F-(MMA+MAH)的残余物质量曲线要低。由于，塑合木中聚合物燃烧的主要产物为 CO_2、HO_2、CO 和部分未燃烧的气化单体等可挥发物质。而木材的燃烧的主要产物除

CO_2、HO_2 和 CO 等可挥发物质外，还有固体物质灰分和部分碳质残留。最终，所有配方制备的枫木单板塑合木残余物质量曲线与枫木素材的重合。

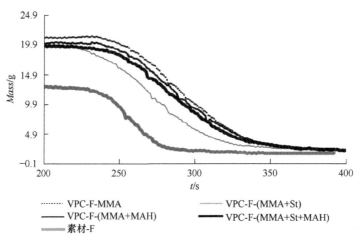

图 7-13　不同配方制备的单板塑合木与其素材的质量

图 7-14 为阻燃和未阻燃处理的枫木单板，用最优配方制备的不同聚合增重率的枫木单板塑合木及其素材的残余物质-时间曲线图。由图 7-14 可观察到阻燃处理后，与枫木素材和枫木单板塑合木相比，阻燃枫木单板塑合木的最终残余物质量曲线高于枫木单板塑合木和其素材的。由于红热阶段燃烧的残余物是炭，可见阻燃处理后的枫木单板塑合木的炭生成量显著高于素材。

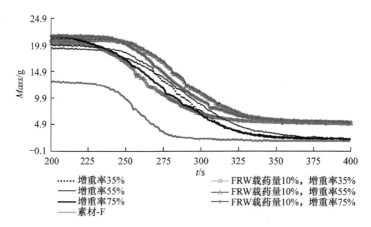

图 7-14　不同聚合增重率的塑合木与其素材的质量

7.3.4.3　燃烧残余物形貌分析

图 7-15 为不同浸注液配方制备的枫木单板塑合木及其素材的残余物形貌图。由图 7-15 可观察到，样品燃烧后残余物的形貌差别很大。枫木素材和枫木单板塑合木样品燃烧后在锡箔上只有少量的炭和灰分残留，阻燃枫木单板塑合木燃烧后却结成厚的炭层。炭层能够减少燃烧热向未燃部分的热反馈作用以及分解产物向火焰区的扩散，抑制了挥发物产生的速率，起到了良好的隔热、隔质和隔氧作用，从而能显著降低燃烧过程中的热释放速率、质量损失速率以及生烟速率，赋予材料较好的阻燃性和抑烟性。

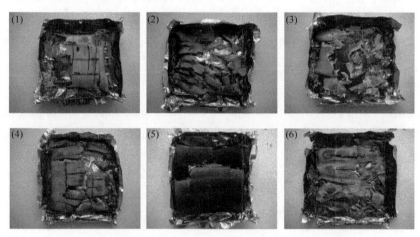

(1) VPC-F-MMA；(2) VPC-F-(MMA+St)；(3) VPC-F-(MMA+MAH)；
(4) VPC-F-(MMA+St+MAH) (5) VPC-Z-F-(MMA+StMAH)；(6) 素材-F

图 7-15　样品燃烧后残余物的形貌

7.4　本 章 小 结

采用锥形量热仪，对比研究了枫木素材、枫木单板塑合木(不同配方、不同聚合增重率)和阻燃枫木单板塑合木(最优配方、不同聚合增重率)的燃烧性能。

(1) 所有配方制备的枫木单板塑合木与其素材相比：热释放速率峰值均降低，分布区域均变宽；燃烧前期，总热释放量均降低，燃烧后期，总热释放量均升高；点燃时间均延长，熄火时间变化不大；火灾性能指数均降低；烟比率峰值均升高，分布区域均变宽；CO 浓度曲线峰值分布范围均变宽，达到峰值的时间均延长；质量损失速率峰值分布范围变宽，峰形变平坦；残余物质量曲线均变高。可见塑合木与其素材相比，热释放速率分布区域变宽，点燃时间滞后，具有一定的阻燃效果。但塑合木的总热释放量、烟比率和 CO 浓度均高于素材，故需要根据具体的使用要求进行阻燃处理。

(2) 配方中加入 St 后，热释放速率曲线峰值和残余物质量曲线峰值均降低；烟比率曲线峰值和 CO 浓度曲线峰值均明显升高，分布区域也变宽。配方中加入 MAH 后，烟比率曲线峰值和 CO 浓度曲线峰值均降低。所有配方中，VPC-F-(MMA+St+MAH)的热释放速率曲线峰值最低，总热释放量最低。

(3) 枫木单板塑合木 VPC-F-(MMA+St+MAH)和阻燃枫木单板塑合木 VPC-Z-F-(MMA+ St+MAH)(在 FRW 阻燃剂载药率同为 10%的情况下)，均随聚合增重率的增加，热释放速率峰值升高，区间分布也明显变宽；总热释放量增加；火灾性能指数均降低，烟比率曲线峰值和 CO 浓度曲线峰值均明显升高。

(4) FRW 阻燃处理的枫木单板塑合木 VPC-Z-F-(MMA+St+MAH)与枫木单板塑合木 VPC-F-(MMA+St+MAH)相比，热释放速率曲线峰值明显降低，分布区域变宽；总热释放量曲线明显降低；其点燃时间略降低，熄火时间延长，火灾性能指数均升高；烟比率曲线峰值和 CO 浓度曲线峰值均明显降低；燃烧前期，质量损失速率曲线均降低，燃烧后期，质量损失速率曲线升高。可见，阻燃枫木单板塑合木 VPC-Z-F-(MMA+St+MAH)的阻燃、抑烟的效果显著。

第8章 枫木塑合木的中试及产品性能研究

8.1 引 言

中试是中间性试验的简称，是科技成果向生产力转化的必要环节，成果产业化的成败主要取决于中试的成败。统计显示，科技成果顺利通过中试，产业化成功率可达80%；而未通过中试，产业化成功率只有30%。要实现科技成果转化与产业化，需要建立旨在进行中间性试验的专业试验基地，通过必要的资金、装备条件与技术支持，对科技成果进行成熟化处理和工业化考验。

本章主要内容是在上海伟佳家具有限公司进行了系统的单板塑合木工业化中试和必要的工程化研究。通过对热引发法制备枫木单板塑合木的中试生产研究，为单板塑合木示范生产线的设计建设提供配套技术参数。

8.2 中试生产研究

8.2.1 试验仪器材料

试验主要仪器是试验室自行研制的真空、加压浸注/热固化处理罐(王清文等，2007)。此设备的优点：将真空加压浸注罐和加热固化罐合二为一，木材的浸注处理与加热固化过程在隔绝大气条件下，在同一设备(真空加压浸注/热固化罐，简称处理罐)中实现，浸注处理后的木材不需要移出处理罐，便可在高压惰性气体保护下进行加热固化处理，这样不仅可有效避免树脂单体挥发带来的环境污染和可燃气体爆炸问题，同时还可有效抑制热固化过程中，因树脂单体气化造成木材内部树脂单体留存率降低的问题，尤其是为回收部分气化的树脂单体创造了有利条件。此外还能完全避免氧的阻聚作用，大幅度提高了树脂单体的有效利用率，确保了聚合固化过程顺利进行。塑合木产品的质量尤其是表面质量明显提高，不会出现塑合木表面发黏现象，节约了浸注处理后木材转移相关工序所需时间(约占整个浸注及固化周期的30%左右)，设备的生产效率比现有技术明显提高。

以第 3 章确定的最优配方[MMA 为主单体(其他单体用量以 MMA 用量为基准)，St 用量为 20%，MAH 用量为 5%，AIBN 用量为 0.25%]和第 4 章确定的最优制备工艺，在上海伟佳家具有限公司进行了系统的单板塑合木工业化中试研究。

8.2.2　试验方法

8.2.2.1　聚合增重率

聚合增重率的计算公式见第 3 章的公式(3-2)。

8.2.2.2　浸注液利用率

浸注液的利用率计算见公式(8-1)。

$$\eta = \frac{M_0}{M_1 - M_2} \times 100\% \tag{8-1}$$

其中：η——浸注液的利用率，%；

　　　M_0——浸注液实际使用质量，kg；

　　　M_1——浸注液总质量，kg；

　　　M_2——浸注液剩余质量，kg。

8.2.3　结果与讨论

8.2.3.1　聚合增重率

枫木单板塑合木中单体聚合后的质量增加率即聚合增重率(单体留存率，$PL_{聚}$)一直是塑合木品质好坏评价的主要因素，一般来说注入木材的浸注单体越多，则聚合增重率越高，形成的塑合木复合材料的物理力学性质就越好，因此聚合增重率是塑合木制备工艺最直观的表征。考虑到单板本身厚度较薄，对其处理后再粘贴到地板基材上或在其他场合使用，以实现降低其成本。故为了得到更好的处理效果，试验采用满细胞法，通过加压浸注/热固化处理制备枫木塑合木。由表 8-1 数据可知，中试生产热引发法制备的枫木单板塑合木的聚合增重率 $PL_{聚}$ 均值 49.3%。

表 8-1　枫木单板塑合木聚合增重率的影响

编号	1	2	3	4	5	平均值
$PL_{聚}$/%	49.0	47.8	46.9	49.9	53.1	49.3

8.2.3.2　浸注液利用率

本研究中塑合木生产专用设备(塑合木生产用真空加压浸注和/或热固化罐)的使用和塑合木制备工艺的合理性,使浸注液的利用率大大提高。

表 8-2 给出的是枫木单板塑合木制备工艺中浸注液利用率。由表 8-2 可以直观地看出,用此方法制备枫木单板塑合木浸注液的利用率基本都在 88%以上,平均利用率达到了 91.6%。以往热固化法塑合木生产工艺中,浸注液的挥发造成浸注液的损失严重,从而直接导致塑合木成本过高、对环境污染严重、对操作人员造成伤害。此工艺很好的解决了这一系列长久以来制约塑合木发展的难题,因此用本工艺制备枫木单板塑合木是可行的,并且具有实际意义。

表 8-2　枫木单板塑合木制备工艺中浸注液利用率

试验编号	浸注液总质量/kg	浸注后剩余质量/kg	加热过程回收质量/kg	冷却回收质量/kg	实际使用质量/kg	η/%
1	50.12	47.54	0.52	0.06	1.85	92.5
2	51.64	48.99	0.69	0.06	1.80	94.7
3	53.46	51.11	0.47	0.05	1.67	91.3
4	50.94	48.38	0.57	0.05	1.80	92.8
5	52.43	50.25	0.64	0.05	1.45	97.3
6	50.34	48.14	0.50	0.06	1.45	88.4
7	51.12	49.48	0.49	0.06	0.97	89.0
8	51.55	49.51	0.54	0.06	1.30	90.3
9	51.47	49.41	0.54	0.06	1.32	90.4
10	50.23	48.64	0.45	0.06	0.97	89.8
平均值						91.6

8.2.3.3　工艺周期

工艺周期是指单板塑合木产品从单板原材料投入生产开始,到制备成单板塑合木产品验收入库为止的全部时间。

本研究确定了对于不同树种的前真空处理时间为 10～30min，浸注处理加压时间为 30～60min，加热固化阶段时间大约为 120min，水冷却时间为 25～35min，后真空时间为 10～30min，由于本试验自动化程度低，基本为手工操作，较为耗时，每周期操作上耗时 25～30min，综合得出，本工艺的一个周期所需时间为 220～305min。若采用自动化生产，可以节约操作上不必要的时间损失，进一步提高生产效率，并且使能耗降低。塑合木生产周期越短，相应的浸注液闲置存放的时间也越短，从这方面来说，间接地增加了浸注液的存储期。此外，可通过多组浸注/热固化罐并联共用一套储液装置等方法，缩短回收液储存时间，提高装置的效率。

8.3 耐酸碱性能

8.3.1 试验材料及方法

耐酸碱性能测试的试样尺寸：30mm×40mm×2.2mm(纵向×弦向×径向)。

耐酸性能测试：将干燥后的素材-F、VPC-F 称重后，放入 98%的浓硫酸中静止浸泡 24h 后，取出用水清洗后烘干至恒重称重，并计算质量损失率。

耐碱性能测试：将干燥后的素材-F、VPC-F 称重后，放入 40%的氢氧化钠溶液中静止浸泡，48h 后取出用水清洗后烘干至恒重称重，并计算质量损失率。

8.3.2 结果与讨论

表 8-3 给出了热引发法制备单板塑合木的耐酸碱性数据。由表 8-3 可知，VPC-F 与素材-F 相比，耐酸性提高了 34.6%，耐碱性提高了 80.9%。通过试验可以观察到，经 98%的浓硫酸浸泡 24h 后，素材已全部碳化，酸液已呈黑色。而 VPC-F 经 98%的浓硫酸中静止浸泡 24h 后，只有部分碳化。这说明枫木单板塑合木的耐酸性提高了，也从另一个角度说明聚合物与木材的分子之间产生了化学交联，接枝成一体，起到了很好的保护作用。如果浸注单体在木材孔隙中与木材仅是无交联反应的自聚，则液态单体聚合所引起的体积收缩，必将在聚合物和木材之间留下孔隙，木材仍然会暴露在浓硫酸中，经长时间浸泡后，所表现出的耐酸性没有明显提高。由表 8-3 还可以看到，经 40%氢氧化钠浸泡48h 后观察样品，只发现枫木-F 由于吸水而引起湿胀之外，而 VPC-F 没有任何

明显的碱腐蚀痕迹。可见 VPC-F 的耐酸碱性能得到了提高。

表 8-3　单板塑合木的耐酸碱性能

性能	VPC-F	
	均值	提高率/%
耐酸性/%	20.6(2.1)	34.6
耐碱性/%	0.5(0.9)	80.9

注：1) 提高率是相对于素材而言的；2) 表中括号内数据为标准差；3) VPC-F 的聚合增重率(55±2)%。

8.4　尺寸稳定性能

尺寸稳定性是指暴露在各种潮湿条件下木材尺寸抗变化的性质。尺寸稳定性用体积膨胀百分数和抗胀缩率(ASE)来描述。改善塑合木的尺寸稳定性的方法包括：①用极性溶剂使木材预膨胀和/或使溶剂与单体混合使木材膨胀；②用极性单体使木材膨胀有助于浸入细胞壁(Fujimura and Inoue，1991)；③使单体与反应型单体相混合与木材发生反应，使木材具有较好的拒水性。与木材细胞壁的化学改性相比，塑合木细胞腔内的聚合物对木材的尺寸稳定性作用并不明显(Elvy et al.，1995)。一般来说，塑合木样本的抗胀缩率(ASE)和拒水性(AAE)比未处理材(素材)的更好。研究发现塑合木普遍增加了 ASE 和 AAE 值(Elvy et al.，1995)。

表 8-4 和表 8-5 分别给出了枫木单板塑合木及其素材的吸水尺寸稳定性能和吸水增重率随时间的变化数据。从表 8-4 可看出随着泡水时间的延长，VPC-F 和素材-F 的吸水尺寸均有变化。在每一泡水检测时间内，VPC-F 相对于素材-F 的吸水尺寸稳定性能均明显提高。并且在 4.5h 内，随着泡水时间的延长 VPC-F 的吸水尺寸稳定性能提高率均降低。分析枫木单板塑合木的尺寸稳定性优于素材-F 是由于进入木材孔隙的聚合物沉积，阻止了细胞壁的收缩，并相应减少水分的损失。

表 8-4　枫木单板塑合木及其素材的尺寸稳定性能随时间的变化

泡水时间/h	0.5	1.5	2.5	4.5	8.5	24.5	300
VPC-F 的 ASE/%	0.32	1.27	2.41	3.23	3.87	3.89	3.96
素材-F 的 ASE/%	2.03	5.45	6.45	6.81	7.02	7.09	7.10
提高率/%	84.1	76.7	62.6	52.5	44.9	45.1	44.2

注：1)表中宽度变化率的提高率均为相对于素材而言的；2) VPC-F 的聚合增重率(55±2)%。

从表 8-5 可看出随着泡水时间的延长，VPC-F 的吸水增重率明显增加。在每一泡水检测时间内，VPC-F 的吸水增重率均明显降低。其原因一方面可能是单体接枝到木材组分的分子链上，封闭了吸湿性很强的游离羟基；另一方面也可能是木材中的孔隙已由疏水性单体聚合物充填，使之成为疏水性并且流体渗透性差的材料。而且，由于聚合物比木材吸湿更小，因此在潮湿条件下吸收水分的量减少。

表 8-5 单板塑合木及其素材的吸水增重率随时间的变化

泡水时间/h	0.5	1.5	2.5	4.5	8.5	24.5	300
VPC-F/%	5.61	9.32	11.97	16.39	20.34	22.85	26.82
素材-F/%	40.63	53.17	57.61	62.53	74.75	83.25	84.25
提高率/%	−86.2	−82.5	−79.2	−73.8	−72.8	−72.6	−68.2

注：1)表中宽度变化率的提高率均为相对于素材而言的；2) VPC-F 的聚合增重率(55±2)%。

本试验采用最优配方，结合浸注工艺及其浸注设备制备的单板塑合木，达到了期望改善木材尺寸稳定性的目的，塑合木的吸水性、吸湿性比木材大大降低，具有较好的体积稳定性。

8.5 挥发性有机物

挥发性有机物(VOCs)是指以气体形式存在于大气中的有机化学物质，在正常温度和压力条件下是液体和固体。20℃条件下蒸汽压力在 0.13～101.3kPa 的有机化学物质可以被定义为挥发性有机物(VOCs)(龚辛颐等，1998)。室内空气品质的研究人员通常把他们采样分析的所有室内有机气态物质称为 VOC，它是 Volatile Organic Compound 三个词第一个字母的缩写，各种被测量的 VOC 总称为总挥发性有机物 TVOC(Total Volatile Organic Compounds)。TVOC 的毒性、刺激性、致癌性和特殊的气味性，会影响皮肤和黏膜，对人体产生急性损害。世界卫生组织(WHO)、美国国家科学院/国家研究理事会(NAS/NRC)等机构一直强调 TVOC 是一类重要的空气污染物。美国环境署(EPA)对 VOC 的定义是：除了二氧化碳、碳酸、金属碳化物、碳酸盐以及碳酸铵等一些参与大气中光化学反应之外的含碳化合物。TVOC 是影响室内空气品质中三种污染中影响较为严重的一种。目前在室内已鉴定出 500 多种挥发性有机物，室内 TVOC 主要来源是室内材料特别是人造板材料，它们是造成室内空气污染的重要因素(李辰等，2005)。室内空气质量直接关系到人们的生活质量和身体健康，近年来由于使用大量装修材料，室内空气中挥发性有毒污染物对人类健康的危害及其毒性效应越来越引起人们的关注(赵寿堂等，2005；潘晓英和陆战堂，2003；黄燕娣等，2007)。

本研究主要是对枫木单板进行改性处理，经处理后的枫木单板塑合木主要用于地板表板，制备单板塑合木实木复合地板。由于单板塑合木实木复合地板主要用于室内，因此检测改性单板的有机物挥发量是非常必要的。而且还可以根据有机物挥发量，来反映单体聚合完全程度，指导改进浸注液配比及生产工艺。

8.5.1　试验仪器及材料

测试仪器采用 2004 年东北林业大学设计制造的一台采样舱(Shen et al.，2005)。该采集装置集空气净化装置、空气置换装置、进出空气速率调节装置、温湿度控制装置等于一身。装置的主要技术参数如表 8-6 所示。

表 8-6　采样装置主要技术参数

主要技术参数	指标	主要技术参数	指标
容积/L	80	精度/℃	±0.3
控制范围/℃	10～40	温度波动性/℃	±0.5
	加热器：300	温度均匀性/℃	±1.0
功率/W	压缩机：125	湿度调节范围	98%以下
	其他：100	外形尺寸/mm	725×540×900
电源/V	～220(±10%)，50Hz	内部尺寸/mm	545×410×450

试验样品为新制备的 VPC-F 材料。

8.5.2　测试方法

8.5.2.1　样品总表面积

在测试前，用锡纸将样品的所有边部密封，然后对所有可能释放有机化合物的部位表面积进行测量，测量采用分度值为 1mm 的卷尺或其他长度测量仪器，这些表面积的和为样品的总表面积。本试验经测量其释放有机化合物的总表面积为 $0.1753m^2$。

8.5.2.2　测试条件

在常温下，用 Tenax 吸附管采集一定体积的空气样品，空气中的挥发性有机化合物保留在吸附管中。采样后，将吸附管加热解吸，解吸后含挥发性有机化合物的待测样品随惰性气体浸入毛细管气相色谱仪分析，用保留时间定性，峰高或峰面积定量。

利用非极性色谱柱进行分离，保留时间在正己烷和正十六烷之间包含这两种物质在内的挥发性有机化合物的含量总和(即为 VOC)。根据具体要求可以延长保留时间。

8.5.2.3　测试参数

采样前试验舱参数要求：温度(23±1)℃；相对湿度(50±5)%；空气流速 $0.1\sim0.3m/s$；空气置换率 $(1±0.05)h^{-1}$；面积特定空气流速(空气置换率/装载率)为(1±0.1)m/h。

Thermo 公司的 TR-5MS 毛细管色谱柱，柱长 30m，内径 0.25mm，膜厚 0.25μm。载气氦气纯度为 99.999%，流速 1mL/min，分流比 1∶30；柱温：40℃保留 2min，以 2℃/min 升至 50℃保留 4min，以 10℃/min 升至 250℃保留 4min，GC-MS 接口温度 270℃，进样口温度 250℃。质谱检测器电离源 EI，电子能量 70eV，离子源温度 230℃。扫描范围：40～450amu。

8.5.2.4　参数说明

装载率：样品的总表面积(m^2)与拟采用的试验舱体积(m^3)相除，得到样品装载率(m^2/m^3)。本试验用的检测单板的总表面积为 $0.1753m^2$，采用的试验舱的体积为 80L，即 $0.08m^3$。因此装载率为 $2.19m^2/m^3$。

换气率：单位时间(h)内进入环境试验舱的清洁空气量(m^3)与环境试验舱容积(m^3)的比率，单位为 ACH，用 n 表示。

8.5.2.5　测试标准

根据标准 GB/T 18883—2002《室内空气质量标准-附录 C》、ASTM D5116-97

《小尺度环境箱测定室内材料和产品中有机释放的标准指南》和 ASTM D6670-01
《全尺度环境箱测定室内材料和产品 VOCs 中释放的标准操作》进行测试。

8.5.2.6　计算公式

按公式(8-2)计算样品的总挥发性有机化合物释放率

$$q_A = \rho_X (N/Lv) \tag{8-2}$$

式中：q_A——样品挥发性有机化合物释放率，mg/(m²·h)；

ρ_X——样品挥发性有机化合物浓度，mg/m³；

N——试验时的空气置换率，h⁻¹；

Lv——样品承载率，m²/m³。

8.5.3　结果与讨论

8.5.3.1　样品有机挥发性化合物种类分析

由 VPC-F 样本谱图 8-2、谱图 8-4、谱图 8-6、谱图 8-8 分别与空白(空气)谱图 8-1、谱图 8-3、谱图 8-5、谱图 8-7 对比发现，VPC-F 样本谱图上除了 MMA 的峰高较高外，其余峰与空白谱图上的峰的峰高和峰出现时间几乎相近。这表明与空白(空气)中存在有机物相比，单板塑合木的有机挥发物增加了 MMA，说明单板塑合木中存在未反应完全的 MMA 单体。由于本试验的装载率(2.19m²/m³)较高，这也是造成 MMA 的峰比较明显的原因之一。而在 VPC-F 样本谱图上，没有出现 St 的峰，表明 St 存在量比较少，说明 St 聚合相对较完全。

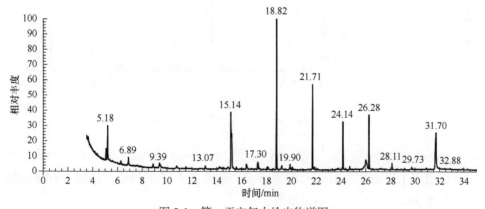

图 8-1　第一天空气中检出物谱图

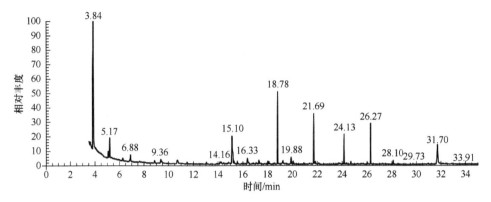

图 8-2　第一天枫木单板塑合木检出物谱图

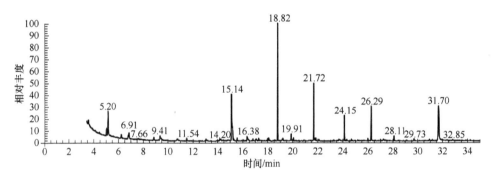

图 8-3　第三天空气中检出物谱图

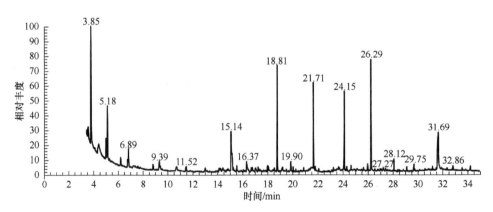

图 8-4　第三天枫木单板塑合木检出物谱图

　　表 8-7 与表 8-8 列出了谱图 8-1 和谱图 8-2 中的每个峰高所对应的物质。由于其他谱图上峰出现的时间和谱图 8-1、谱图 8-2 非常接近，说明所对应的物质也几乎相同，在此不再列表给出。

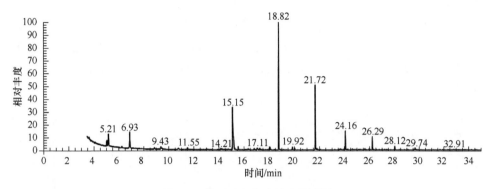

图 8-5　第五天空气中检出物谱图

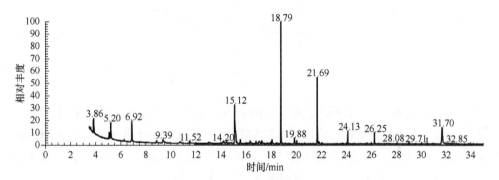

图 8-6　第五天枫木单板塑合木检出物谱图

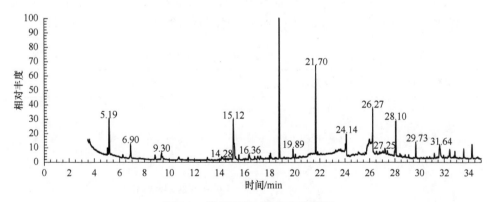

图 8-7　第七天空气中检出物谱图

VPC-F 内存在未反应的 MMA 单体，其原因：①可能是由于 MMA 单体的挥发性较高，在加热发生聚合反应时有 MMA 单体气化形成气体，没有参与聚合反应。而且在升温反应结束后，聚合反应罐降温使得 MMA 存在于未被填充的细胞腔内或者依附于填充的聚合物表面。②可能是填充到单板内部的浸注液在反应时产生气泡，在气泡内存在未参加反应的 MMA 单体。③可能是由于浸注液聚合反应后期的黏度较大，导致最终单体转化不完全。这对最终产品的环保指标有较大的影响，必须在得到最终产品之前尽可能去除 MMA 未反应的单体。

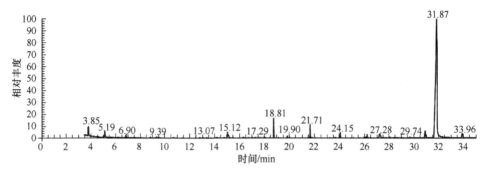

图 8-8   第七天枫木单板塑合木检出物谱图

因此，考虑在对反应容器降温之前或者降温之后除去可能残留在单板塑合木内未参加反应的 MMA 单体。本研究在反应最后采取升温并抽真空去除残留的 MMA 单体。经实践证明这种方法是方便可行的，这对本研究的热引发法制备枫木单板塑合木的生产工艺起到了指导作用。

表 8-7 和表 8-8 枫木单板塑合木中含有有机硅化合物，这与色谱进样系统中的有机硅材料有关。图 8-8 中 31.87min 时的峰为邻苯二甲酸二异辛酯。

表 8-7   第一天空气中检出物谱图峰的代表物质

检测时间/min	分子式	化合物名称
5.18	C_7H_8	甲苯
6.89	$C_6H_{18}O_3Si_3$	六甲基环三硅氧烷
9.39	C_8H_{10}	邻二甲苯
13.07	$C_{10}H_{16}$	2,6,6-三甲基二环[3.1.1]庚烷二脱氢化衍生物
15.14	$C_8H_{24}O_4Si_4$	八甲基环四氧硅烷
17.30	C_8H_8O	乙酰苯
18.82	$C_{16}H_{30}O_4Si_3$	十甲基环五硅氧烷
19.90	$C_{10}H_8$	1-亚甲基茚

续表

检测时间/min	分子式	化合物名称
21.71	$C_{12}H_{36}O_6Si_6$	十二甲基环六硅氧烷
24.14	$C_{14}H_{42}O_7Si_7$	十四甲基环七硅氧烷
26.28	$C_{16}H_{48}O_8Si_8$	十六甲基环辛硅氧烷

表 8-8　第一天枫木单板塑合木中检出物谱图峰的代表物质

检测时间/min	分子式	化合物名称
3.84	$C_5H_8O_2$	甲基丙烯酸甲酯
5.17	C_7H_8	甲苯
6.88	$C_6H_{18}O_3Si_3$	六甲基环三硅氧烷
9.36	C_8H_{10}	邻二甲苯
14.16	C_9H_{12}	乙基甲苯
15.10	$C_8H_{24}O_4Si_4$	八甲基环四氧硅烷
16.33	$C_{10}H_{18}O$	环己烷
18.78	$C_{10}H_{30}O_5Si_5$	十甲基环五硅氧烷
19.88	$C_{10}H_8$	1-亚甲基茚
21.69	$C_{12}H_{36}O_6Si_6$	十二甲基环六硅氧烷
24.13	$C_{14}H_{42}O_7Si_7$	十四甲基环七硅氧烷
26.27	$C_{16}H_{48}O_8Si_8$	十六甲基环辛硅氧烷

8.5.3.2　样品总挥发性有机化合物释放率分析

样品的总挥发性有机化合物释放率能够较清楚准确地反映出在固定条件下的总有机挥发物的浓度。从表 8-9 可以看出，第一天 MMA 单体的释放率为 27.56μg/($m^2 \cdot$ h)，而一周时间内 MMA 单体释放率的平均值才为 12.44μg/($m^2 \cdot$ h)。这表明总体来说 VPC-F 含有未反应的单体 MMA 较多。而第一天 VPC-F 中释放的 MMA 单体最多，之后单体 MMA 的释放率减少。但是总体上达到 ASTM D5116-97《小尺度环境箱测定室内材料和产品中有机释放的标准指南》标准要求。

表 8-9　单板塑合木化合物的释放浓度与释放率随时间的变化

检测时间/d	MMA	
	化合物浓度/(μg/m^3)	释放率/[μg/(m^2·h)]
1	60.35	27.56
3	18.57	8.48
5	7.72	3.53
7	22.28	10.17
平均值	27.23	12.44

注：室内 MMA 的限定浓度采用苏联(1975)居民区大气中有害物最大允许浓度，100μg/m^3。

8.6　本章小结

使用课题组发明的热引发法制备单板塑合木的专用设备，采用相配套的工艺，以优化的单体配方 A 为浸注液，在上海伟佳家具有限公司系统的进行了枫木单板塑合木工业化中试生产和必要的工程化研究，得出以下结论。

(1) 实现了单体的回收循环利用，使单体利用率基本保持在 88%以上，降低了塑合木生产的成本，同时很好地解决了挥发性单体污染问题。此塑合木制备的工艺周期短(整个周期仅需要大约 220～305min)，提高了生产效率，加快了浸注液的循环利用速度，延长了浸注液的存储期。

(2) 中试热引发法制备的 VPC-F 性能研究表明：①VPC-F 与素材-F 相比，耐酸性提高了 34.6%，耐碱性提高了 80.9%。②在检测时间范围内，VPC-F 的吸水增重率均明显低于素材-F 的，VPC-F 的尺寸稳定性能明显高于素材-F 的。

(3) VPC-F 的总有机物挥发，MMA 的释放速率最大值为 27.56μg/(m^2·h)，最小值为 3.53μg/(m^2·h)；表明枫木单板塑合木内含有未反应 MMA 单体。但是未超过 ASTM D5116-97《小尺度环境箱测定室内材料和产品中有机释放的标准指南》标准要求。

第9章　枫木单板塑合木的应用研究

9.1　引　　言

塑合木具有优良物理力学性能，因而可广泛用于建筑、家具、乐器、工艺品、运动器材、武器和工业器材等领域，尤其是作为复合地板表板材料有广大的市场。根据测算，以中低等材制造塑合木，其成本目前略低于优质木材(从长远看会越来越低)，而它的综合性能却明显超过了优质木材。因此以中低等材生产塑合木的推广应用将会有助于缓解优质木材紧缺的矛盾，同时也因塑合木质量优良并有稳定的来源而易被更多消费者所接受。随着塑合木生产工艺的不断完善和我国速生材比例的增多，塑合木一定能够得到较快发展，并能够占领一定的市场份额。

用单板塑合木做表板，以速生材、低质材做基材，生产实木复合地板；用单板塑合木为表板，木塑复合材作为基材，生产高性能复合地板，较好地解决了塑合木产品成本高的难题，在成本与性能之间找到了平衡点，从而使塑合木技术大规模产业化成为可能。

本章以枫木单板塑合木 VPC-F-(MMA+St20%+MAH5%+AIBN0.25%)作地板表板，以速生杨木和高密度聚乙烯 HDPE 木塑复合材料作地板基材，生产 VPC-F-/Wood 和 VPC-F-/HDPE 两种复合地板材料。根据前期本课题组试验室研究及放大试验研究结果，在研究 VPC-F-/Wood 和 VPC-F-/HDPE 两种复合地板材料性能，分析木材改性与高分子材料工业生产特点的基础上，详细论证两种复合地板生产的可行性，并制定了生产工艺路线，为其实际生产提供依据。

9.2　枫木单板塑合木润湿性能

对木材改性是为了使其性能更加符合人们的需求，使改性后的木材应在保留其原有良好的性质或使其良好性质更加优良的前提下，改善其不良的一面。枫木单板被浸入大量的单体和聚合物，其尺寸稳定性、耐腐性、阻燃性等性能得到了明显的改善，但同时其是否也改变了原有的涂饰及胶合性能。

木材表面的润湿性对其界面胶合质量及表面涂饰有重要的影响(王传耀，2006；张一帆，2006；陈广琪，1991)。它表征某些液体(水、胶黏剂、氧化剂、交联剂、拒水剂、染色剂、油漆涂料及各种改性木材的处理液体)与木材接触时，在表面上润湿、扩散和渗透的难易程度和效果，是进行木材改性与复合研究的一种重要界面特性表征技术，对地板面板和基材的界面胶结、表面涂饰和各种改性工艺都极为重要(程瑞香和顾继友，2002)。

塑合木作为一种新型的材料正在被越来越广泛地利用，研究其表面润湿性意义重大。本研究采用液体在塑合木材料表面的接触角来评价其润湿性，为研究木材中浸注单体对胶合质量的影响提供一定的理论依据，同时将有助于进一步解决其表面的二次加工(如涂饰、贴面等工艺)实施中的理论问题(赵明和黄河浪，2009)。

9.2.1　试验

9.2.1.1　材料及仪器设备

材料：枫木素材(素材-F)、枫木塑合木(VPC-F，*PL*=52%)、枫木阻燃处理制备的塑合木(VPC-F-MS-Z，*PL*=58%)。

试件尺寸：30mm×20mm×2.2mm(长×宽×厚)。

液体：蒸馏水(化学试验用蒸馏水)、甘油、胶黏剂(脲醛树脂胶黏剂)。

仪器设备：JC2000A 静滴接触角/界面张力测量仪(上海中晨数字技术设备有限公司)、针头滴管(量程为 5μL)。

9.2.1.2　试验方法

首先将 JC2000A 静滴接触角/界面张力测量仪置于工作状态，然后将待测试样(20mm×30mm×2.2mm)放入 JC2000A 静滴接触角/界面张力测量仪的样品槽中进行测定，分别将被测液(蒸馏水、甘油、脲醛树脂胶黏剂)一次一滴(约0.002mL)滴在待测试样表面上，使用仪器中的连续捕图拍摄功能，获取从初始到 300s 内不同时间段液滴在试样表面的形态。设定拍摄时间间隔为 5s，即一个液滴 5min 内拍 60 张照片，每个试样重复 3 次，测量时室温为(20±1)℃。接触角测定采用 JC2000A 静滴接触角/界面张力测量仪使用方法中的量角法(杨文斌等，2005)。借助配套软件直接测量 10s、60s、120s 和 300s 时液滴在试件表面的接触角，每个试样测 5 次，取平均值。

9.2.2　枫木单板塑合木表面接触角分析

接触角是液滴外表层的切线与固体表面间所形成的夹角，用来表示该表面润湿性能的强弱。接触角越大，表面润湿性能越差；接触角越小，表面润湿性能越好，固体就越容易被液体润湿(杜文琴和巫莹柱，2007)。

表 9-1 中的试验数据是不同液体在材料表面的接触角与时间的关系。

表 9-1　不同液体在材料表面的接触角与时间的关系

材料	水				甘油				胶黏剂			
	10s	60s	120s	300s	10s	60s	120s	300s	10s	60s	120s	300s
素材-F	78	64	57	22	95	75	68	55	73	63	61	58
VPC-F	122	109	97	67	77	68	61	53	92	73	69	64
VPC-F-MS-Z	63	30	18	0	98	81	70	59	93	67	67	63

注：接触角单位为度。

由表 9-1、图 9-1、图 9-2 及图 9-3 可以看出，随着时间延长，水、甘油和脲醛树脂胶黏剂 3 种液体在每种材料表面的接触角均呈变小趋势。在测试时间范围内，3 种液体的接触角均小于 90°，这说明水、甘油和胶黏剂能够浸润这几种材料。由表 9-1 还可以看出，在规定的时间内，对于标测液脲醛树脂胶黏剂来说，在每种材料的表面接触角为 50°～70°，说明标测液脲醛树脂胶黏剂能够很好地浸润到每种材料的表面，从而胶接时可能得到较好的胶接性能。由图 9-3 脲醛树脂胶黏剂在每种材料表面 60s 和 300s 液滴形状可以看出，对于胶黏剂来说，VPC-F、VPC-F-MS-Z 的接触角稍大于素材-F 的，这可能是由于木材单板内部浸注的单体聚合物，对其表面液体渗透性产生一定的阻碍扩展作用的缘故。

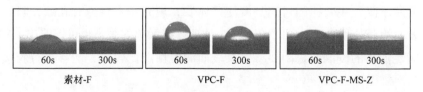

图 9-1　水在每种材料表面的液滴形状

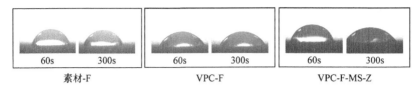

图 9-2　甘油在每种材料表面的液滴形状

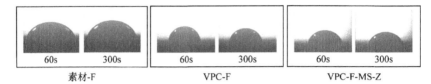

图 9-3　脲醛树脂胶在每种材料表面的液滴形状

9.2.3　砂光处理枫木单板塑合木表面接触角分析

　　由于木材这种可再生的生物质材料的生长特性、立地条件、树种差异、加工工艺等原因，在生产过程中时常出现胶接及涂饰不良，造成胶合失效或者涂料脱落，影响胶接或涂饰制品的质量。因此，对难胶合及渗透性不好的木材进行表面改性，来提高其胶合和涂饰性能。主要方法有：砂磨、刨切等表面机械处理方法可以快速地移走木材表面的各种污染物，改良木材表面的润湿性；电晕的连续放电处理可以氧化活化含树脂木材表面，从而提高木材胶接及涂饰能力；微波等离子体处理木材表面可以有效地改善木材表面的润湿性，从而提高木材的胶接及涂饰性能。

　　本研究以方便有效及尽量不改变正常生产工艺条件的原则，对素材-F、VPC-F 和 VPC-F-MS-Z 表面进行砂磨处理，来提高表面的润湿性，从而提高涂饰效果。

　　表 9-2 为砂光处理后的各种材料的接触角数值。图 9-4、图 9-5 及图 9-6 分别为水、甘油及脲醛树脂胶黏剂在各种材料表面的(60s 和 300s)液滴形状图片。由表 9-2、图 9-4、图 9-5 及图 9-6 可以看出，VPC-F 木与素材-F 相比，润湿性有所下降，主要原因可能是浸注单体后，填充了木材原有孔隙，阻碍了液体在表面的润湿和渗透。同时，通过 3 种液体接触角的测定也可以看出，VPC-F 可以满足液体的浸润及黏附要求，其表面润湿性能比较好，能够进行胶接、涂饰等二次加工。

表 9-2　不同液体在砂光处理的材料表面的接触角与时间的关系

材料	水				甘油				胶黏剂			
	10s	60s	120s	300s	10s	60s	120s	300s	10s	60s	120s	300s
素材-F	20	0	0	0	35	12	0	0	71	65	63	60
VPC-F	71	57	45	0	49	43	42	42	89	79	78	73
VPC-F-MS-Z	45	35	26	0	45	32	31	22	63	55	54	49

注：接触角单位为度。

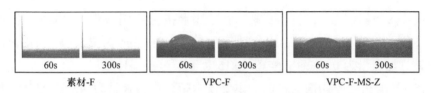

图 9-4　水在每种砂光材料表面的液滴形状

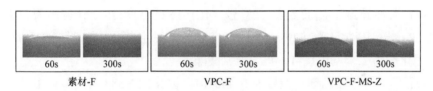

图 9-5　甘油在每种砂光材料表面的液滴形状

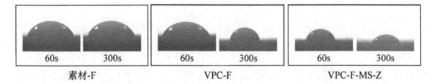

图 9-6　脲醛树脂胶在每种砂光材料表面的液滴形状

9.3　枫木单板塑合木胶合性能及胶合工艺

　　制备单板塑合木的出发点就是想将其与地板基材复合，制备复合地板材料。所以，研究分析单板塑合木的胶合性能，有实用意义。

9.3.1　试验

9.3.1.1　主要材料

　　(1) 枫木素材(素材-F)、枫木塑合木(VPC-F，PL=52%)，尺寸为：1245mm×134mm×2.2mm(长×宽×厚)。

(2) 杨木地板基材。选择 7 层杨木胶合板，其尺寸为 1830mm×915mm×10mm (长×宽×厚)。

(3) 木粉/高密度聚乙烯木塑复合材料(HDPE)。试验室自制，主要成分为：木粉 55%，无机填料 10%，HDPE10%，偶联剂、润滑剂等其他的助剂 25%；制备工艺参数：双螺杆最高温度 175℃，最低温度 150℃；单螺杆最高温度 165℃，最低温度 150℃；模具温度 165℃；尺寸为：1250mm×135mm×10mm (长×宽×厚)。

(4) 脲醛树脂胶黏剂。自制。主要技术指标：固含量为(53±2)%；黏度 (30℃，涂-4 杯)为 20～23s；固化时间为 90～110s；pH 为 7.5～8.0；固化剂为氯化铵，加入量为 0.8%；游离醛≤0.15%。

(5) 酚醛树脂胶黏剂。自制。主要技术指标：固含量为 45%～50%；黏度 (25℃，旋转黏度计)为 100～500mPa·s；游离酚≤0.1%；游离醛≤0.1%。

(6) 水性异氰酸脂胶黏剂。型号 ML1616；黏度(25℃，旋转黏度计)为 9000mPa·s；固含量为 52%；哈尔滨市道外区民主工业园区明朗胶黏剂厂生产。固化剂为二苯基甲烷-4，4′-二异氰酸酯。

(7) 环氧树脂胶黏剂。型号为 E-446101。固化剂 V388 为过氧化甲乙酮。

9.3.1.2　主要仪器设备

(1) 带锯机。WIPOR，型号 BA-315W，电压 230V，频率 50HZ，锯条长度 2240mm。

(2) 热压机。上海大安电器制造有限公司生产 SWPT，型号为 SY01.7。

(3) RGT-207 型微机控制电子万能试验机。

(4) 鼓风干燥箱与真空干燥箱。

(5) 人造板滚动磨耗试验机。型号为 MMG-5A，最大试验力为 5N。

9.3.1.3　试验方法

将枫木单板塑合木与地板基材，按照试验设计的参数胶合制备成复合地板材料。

9.3.2　枫木单板塑合木与杨木地板基材胶合性能

VPC-F 与杨木地板基材胶合制备的强化实木地板简记为 VPC-F/Wood 复合地板。

9.3.2.1　胶黏剂的选择

使用酚醛树脂胶黏剂将单板塑合木(聚合增重率为 50%左右)胶接到杨木基材上。其热压工艺为：温度 130～140℃；时间 4min 或 6min；单位压力为 0.8～1.2MPa。试验发现，热压后塑合木表板全部出现开裂现象。使用脲醛树脂胶黏剂在同样的热压工艺条件下，塑合木表板也均出现开裂现象。而使用异氰酸酯冷压胶时，室温条件下胶合，未发现塑合木表板出现开裂现象。所以，分析热压开裂现象可能是由于塑合木中聚合物受温度影响造成的。

聚甲基丙烯酸甲酯的玻璃化转变温度为 104℃；而聚苯乙烯的玻璃化转变温度为 80～100℃。由图 9-7 单板塑合木的 tanδ 随温度的变化曲线中，可以看到浸注液固化后聚合物的玻璃化转变温度在 105.2℃，这与前人研究的结果几乎吻合(罗家汉和肖惠宁，1989)。采用热压时温度在 125～150℃之间，其明显高于单板塑合木内聚合物的玻璃化温度。所以热压时，枫木单板塑合木内的聚合物由玻璃态转变为高弹态，在高弹态下分子链可以自由运动，聚合物发生可逆的高弹变形。分析发现枫木单板塑合木与基材的收缩或膨胀不同步导致表板塑合木发生开裂(图 9-8)。

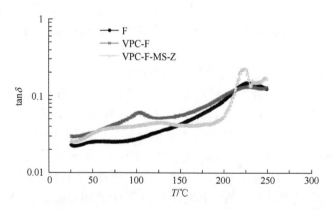

图 9-7　素材-F、VPC-F 和 VPC-F-MS-Z 的 tanδ 随温度的变化

由图 9-7 中还可看到 VPC-F-MS-Z 的玻璃化转变温度在 128.7℃，高于 VPC-F 的玻璃化转变温度。说明 VPC-F-MS-Z 相对于 VPC-F 塑性提高，热稳定性变好。

综上所述，选择使用改性的脲醛树脂胶黏剂进行胶接，热压工艺为：温度为 110～115℃；时间 4min 或 6min；单位压力为 0.8～1.0MPa。热压试验后枫木单板塑合木表面未出现开裂现象。

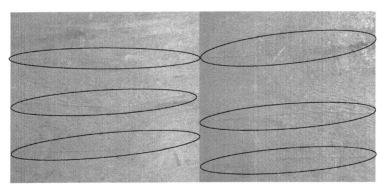

图 9-8　VPC-F/Wood 实木复合地板热压后表板开裂

因此本研究选用自制的改性脲醛树脂胶黏剂，其主要性能指标为：固体含量为(53±2)%；黏度为 20～23s(涂-4 杯，30℃)；固化时间为 90～110s；游离醛≤0.15%。

9.3.2.2　胶接工艺的优化

(1) 热压温度的确定

采用设计的热压工艺制备 VPC-F/Wood 实木复合地板。设计试验参数为：单面涂胶量 180g/m²，固化剂(氯化铵)添加量为 0.8%，单位压力 1.0MPa，热压时间为[根据经验先按照(60～120)s/mm 设定]240s，热压温度初步设为 100℃、110℃和 120℃。

检测 VPC-F/Wood 实木复合地板的单板塑合木表板与杨木地板基材的胶合强度，观察表板单板塑合木表面状态，结果如表 9-3 所示。由表 9-3 中试验数据可知，热压温度为 100℃和 110℃时，VPC-F/Wood 的表面状态均好于 120℃的。分析这可能是由于温度对 VPC-F 影响比较大，致使其发生开裂现象。通过浸渍剥离试验发现，100℃所压制的 VPC-F/Wood 实木复合地板，局部出现表板开胶现象，而 110℃并未出现此现象。综上所述，结合胶合强度检测、表面状态观察及浸渍剥离性能分析，最终确定热压温度为(110±3)℃。

表 9-3　不同温度制备 VPC-F/Wood 实木复合地板试样的力学性质及表板表面状态

热压温度 /℃	静曲强度/MPa	弹性模量/GPa	表面胶合强度 /MPa	浸渍剥离 (是否合格)	表面状态 (是否开裂)
100±3	41.6	4.21	0.65	不合格	否
110±3	48.5	4.65	0.98	合格	否
120±3	48.9	4.67	0.96	合格	是

(2) 热压压力的确定

采用设计的热压工艺制备 VPC-F/Wood 实木复合地板。设计试验参数为：单面涂胶量 180g/m²、热压温度为(110±3)℃、热压时间[根据经验先按照(60～120)s/mm 设定]为 240s、单位压力 0.75MPa、1.0MPa 和 1.2MPa。通过浸渍剥离试验发现，单位压力为 0.8MPa 时，试样几乎全部剥离脱落，而单位压力为 1.0MPa 和 1.2MPa 时，试样没有出现剥离；但单位压力为 1.2MPa 时，热压后偶尔表板会出现开裂现象。压力加大降低了产品的整体厚度，且能耗增加，加大了成本。综上所述，试验确定单位压力为 1.0MPa。

(3) 热压时间的确定

采用设计的热压工艺制备 VPC-F/Wood 实木复合地板。设计试验参数为：单面涂胶量 180g/m²、单位压力 1.0MPa、热压温度为(110±3)℃、热压时间设定为 120s、240s 和 360s。通过浸渍剥离性能测试，发现热压 120s 的试样出现单板与基材发生剥离现象，而 240s 和 360s 的试样没有出现。综合考虑效率问题，热压时间选为 240s。

9.3.3　枫木单板塑合木与高密度聚乙烯木塑复合材地板基材胶合性能

木质纤维-热塑性聚合物复合材料，简称木塑复合材(wood-plastics composites，缩写为 WPC)，是用木纤维或其他植物纤维增强、填充，制备的性价比较高、可循环利用的新型复合材料。木塑复合材料集木材和塑料的优点于一身，具有防腐、防潮、防虫蛀、尺寸稳定性高、不开裂、不翘曲等优点，比纯塑料硬度高，又有类似木材的加工性，可进行切割、黏接，用钉子或螺栓固定连接，可涂漆。在欧美国家，广泛应用于户外露台和栅栏、门窗型材、海边休闲场所路板、运输托盘等(王海刚等，2006)。正是凭借成本和性能上的双重优势，近年来木塑复合材料不断扩大应用领域，进入新的市场，越来越多地替代其他传统材料。

将枫木单板塑合木 VPC-F 与木粉/高密度聚乙烯复合材料地板基材(HDPE)胶合，制备的复合地板简记为 VPC-F/HDPE 木塑复合地板。

9.3.3.1　胶黏剂的选择

选用水性异氰酸酯和环氧树脂胶黏剂，设计试验参数如下。

环氧树脂：单面涂胶量 80g/m²，固化剂配比为 25%，热压温度为 40℃和 60℃，热压时间为 3h、6h、9h 和 12h，单位压力 1.0MPa。

水性异氰酸酯：涂胶量 150g/m²，固化剂配比为 25%，热压温度为 40℃和 60℃，热压时间为 6h 和 9h，单位压力 1.0MPa。

采用设计的热压工艺制备 VPC-F/HDPE 木塑复合地板。通过浸渍剥离性能测试，确定试件经浸渍、干燥后，胶层是否发生剥离及剥离程度，进而评价材料的胶合性能。

浸渍剥离试验的结果显示：环氧树脂所有条件下的试样全部开裂，异氰酸酯 40℃、6h 和 60℃、6h 的试样出现轻微开口，60℃、9h 的试样未出现剥离现象。因此，排除环氧树脂，本试验选用异氰酸酯胶黏剂。

水性异氰酸酯胶黏剂分子体积较小，容易渗透到一些多孔性的材料中去，能与吸附在被黏面上的水分发生反应产生化学键，所以黏合强度高，胶层耐疲劳性好，对于 VPC-F 和 HDPE 木塑两种新型复合材料能够起到较好的胶接作用。

9.3.3.2　胶接工艺的优化

(1) 热压温度的确定

采用设计的热压工艺制备 VPC-F/HDPE 木塑复合地板。设计试验参数为：单面涂胶量 150g/m²，固化剂配比为 25%，单位压力 1.0MPa，加压时间为 6h，热压温度为 40℃、60℃和 80℃。

对材料进行静曲强度和弹性模量检测，结果如表 9-4 所示。由表 9-4 中数据可得，40℃和 60℃时，试样的静曲强度和弹性模量好于 80℃，分析其原因可能是由于温度过高，对 HDPE 木塑复合材的影响比较大，致使其发生轻微变形而影响强度。

表 9-4　不同热压温度下制备 VPC-F/HDPE 木塑复合地板试样的静曲强度和弹性模量

热压温度/℃	静曲强度/MPa		弹性模量/GPa	
	平均值	标准差	平均值	标准差
40	63.7	5.6	6.781	0.697
60	63.5	2.0	6.610	0.243
80	59.1	3.5	6.010	0.027

通过浸渍剥离试验发现，加压时间为 6h，40℃和 60℃的试样全部出现开裂，因此又进行了补充试验，分别制作了 40℃、12h 和 60℃、12h 试样，同样

对其浸渍剥离性能进行测试，试验结果发现 40℃、12h 试件出现明显剥离，而 60℃、12h 试件有轻微剥离。综上所述，结合静曲强度和弹性模量与浸渍剥离性能，确定加压温度为 60℃。

(2) 单位压力的确定

采用设计的热压工艺制备 VPC-F/HDPE 木塑复合地板。设计试验参数为：单面涂胶量 150g/m²、固化剂配比为 25%、热压温度为 60℃、加压时间为 9h、单位压力为 0.8MPa、1.0MPa 和 1.2MPa。

通过浸渍剥离试验发现，单位压力对材料胶合性能影响比较明显，单位压力为 0.8MPa 时，试样几乎全部剥离脱落；而单位压力为 1.0MPa 和 1.2MPa 时，试样开裂程度差不多，一侧有轻微开裂。分析其原因，可能是：压力越大，渗入到木材中的胶液越多，胶合面积增加，胶合强度越高。但是压力过大，耗能增加，加大了成本，所以本试验考虑到成本问题，节约能源，确定单位压力为 1.0MPa。

(3) 热压时间的确定

采用设计的热压工艺制备 VPC-F/HDPE 木塑复合地板。设计试验参数为：单面涂胶量 150g/m²、固化剂配比为 25%、单位压力 1.0MPa、热压温度为 60℃、热压时间为 6h、9h 及 12h。

通过浸渍剥离性能测试，发现 6h 的试样剥离比较明显，两种材料几乎要脱离，而 9h 与 12h 的试样剥离程度比较接近，均一侧有轻微剥离。同样对其又进行了静曲强度和弹性模量测试，结果如表 9-5 所示。从表 9-5 中可以看到，热压时间为 9h 时，试件的静曲强度明显好于 6h 和 12h。因此，由浸渍剥离结果及静曲强度和弹性模量数值，共同确定选取热压时间为 9h。

表 9-5　不同热压时间制备 VPC-F/HDPE 木塑复合地板试样的静曲强度和弹性模量

热压时间/h	静曲强度/MPa		弹性模量/GPa	
	平均值	标准差	平均值	标准差
6	61.9	3.5	6.6	0.3
9	67.6	7.3	7.7	1.1
12	63.6	3.6	7.0	0.3

(4) 涂胶量的确定

采用设计的热压工艺制备 VPC-F/HDPE 木塑复合地板。设计试验参数为：单位压力 1.0MPa、热压温度为 60℃、加压时间为 9h、固化剂配比为 25%、单面涂胶量 90g/m²、120g/m² 和 150g/m²。

浸渍剥离试验的结果显示：涂胶量为 120g/m² 时，试样剥离情况比较明显，试样一侧有较大开口，而涂胶量为 90g/m² 和 150g/m² 时，试样的剥离程度比较接近，一侧有轻微开口。对其进行静曲和弹性模量测试结果如表 9-6 所示。

表 9-6　不同涂胶量制备 VPC-F/HDPE 木塑复合地板试样的静曲强度和弹性模量

涂胶量/(g/m²)	静曲强度/MPa		弹性模量/GPa	
	平均值	标准差	平均值	标准差
90	61.7	2.1	6.5	0.2
120	62.0	3.6	6.6	0.3
150	70.1	4.8	8.0	0.8

由表 9-6 中数据可以看出，涂胶量为 150g/m² 时，试样的静曲强度和弹性模量均好于涂胶量为 90g/m² 时，进而本试验确定采用涂胶量为 150g/m²。

(5) 固化剂配比的确定

采用设计的热压工艺制备 VPC-F/HDPE 木塑复合地板。设计试验参数为：单位压力 1.0MPa、热压温度为 60℃、加压时间为 9h、单面涂胶量 150g/m²、固化剂配比为 20%、25% 和 30%。

同样对试样进行浸渍剥离试验，结果发现：固化剂配比对胶合性能有一定影响，固化剂配比为 20% 时，试样一侧出现较大剥离；而固化剂配比为 25% 和 30% 时，试样几乎没有剥离现象。其原因可能是由于随着固化剂的用量增大，异氰酸基与胶接表面含活泼氢基团的反应强度增强，促使反应更加完全彻底，进而提高了胶合强度。本试验考虑到成本问题，最终确定选用固化剂的配比为 25%。

9.4　枫木单板塑合木的涂饰及漆膜性质

浸注固化处理是否会对木材的涂饰性能产生不利影响，这关系到塑合木制品的质量，是研究者和生产企业所关注的主要问题。本研究所采用的向木材内部浸注可与木材发生交联反应的化学试剂，对木材进行化学改性，从而改善并提高其物理力学性能。在提高木材的各种性能的同时，木材的密度也得到较大的增加。木材内部的空隙(细胞腔和细胞壁)也被部分填满或改性。这就需要考虑经改性后的木材是否对涂饰性能产生影响。

根据对改性后的枫木单板塑合木表面的润湿性研究，甘油及水在砂光后的枫木单板塑合木表面的接触角在 0°~35°。表明砂光后的单板塑合木具有较好的润湿性。

9.4.1 涂料的选择

实木复合地板常用的涂料有多种，包括硝基涂料、聚酯树脂(PE)涂料、聚氨酯(PU)涂料和紫外光固化(UV)涂料等。

紫外光固化(UV 漆)涂料：属于辐射固化涂料的一种，是环保型节能涂料。随着人们对环保认识的提高，紫外光固化涂料未来具有较大的发展空间。其特点有：漆膜坚硬耐磨，亮光漆光亮丰满，亚光漆细腻滑爽，光泽度可根据用户需要调节。漆膜硬度和耐磨性能是两个不同的概念，并不是漆膜越硬越耐磨。通常漆膜越硬，则脆性越大，漆膜易开裂。因此，对于采用 UV 涂料的地板，硬度指标不宜选择过高。采用 UV 涂料时，地板基材含水率应小于 12%，否则会造成涂饰 UV 涂料后 2~3 个月发生涂层开裂、剥离脱落等质量问题。

聚氨酯(PU)涂料：聚氨酯涂料是我国目前应用很广的涂料品种，尤其在木制品、家具和地板上应用更为广泛。聚氨酯涂料大多数为亮光型，近年来国内出现专为木材涂饰的聚氨酯亚光型，用作木器漆、地板漆等。

PU 涂料的漆膜坚硬而有韧性，漆膜附着力好，漆膜的弹性和耐磨性可以根据需要而调节其成分配比。此外，PU 涂料还具有良好的耐污染性能，可以高温烘干。也可以低温固化。目前 PU 涂料普遍用于工业和建筑业，所以技术成熟，色系多，容易达到喷涂要求。但其存在毒性较大的游离异氰酸酯基(—NCO)，对人体有害，所以对喷漆房、烤漆房的要求较高，需要加以人体防护措施。因此很少用于制造高质量的家具及地板。由于其环保性差，发达国家已经基本淘汰。

硝基涂料(硝基漆)是目前比较常见的木器及装修用涂料。优点是装饰作用较好，施工简便，干燥迅速，对涂饰环境的要求不高，具有较好的硬度和亮度，不易出现漆膜弊病，修补容易。缺点是固含量较低，需要较多的施工道数才能达到较好的效果；耐久性不太好，尤其是内用硝基漆，其保光保色性不好，使用时间稍长就容易出现诸如失光、开裂、变色等弊病；漆膜保护作用不好，不耐有机溶剂、不耐热、不耐腐蚀。硝基漆的主要成膜物是以硝化棉为主，配合醇酸树脂、改性松香树脂、丙烯酸树脂、氨基树脂等软硬树脂共同组成。一般还需要添加邻苯二甲酸二丁酯、二辛酯、氧化蓖麻油等增塑剂。溶剂主要有酯类、酮类、醇醚类等真溶剂，醇类等助溶剂以及苯类等稀释剂，其环保性能较差。

根据以上对比及市场要求，本研究采用紫外光固化 UV 漆对塑合木进行涂饰研究。

9.4.2　UV 漆涂饰工艺及涂饰量

UV 漆涂饰工艺如图 9-9 所示。UV 漆涂饰具体主要工艺要求有以下几个方面。

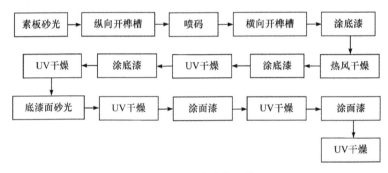

图 9-9　UV 漆涂饰工艺

(1) 砂光。砂光分粗砂和细砂，粗砂用 40～60 砂带砂光，细砂用 80～120 砂带砂光，以消除木毛、刨痕和安装误差，并清理砂光粉尘。

(2) 涂底漆。涂三次底漆，注意漆膜厚度均匀，漆膜完整，不宜过厚，用量 110～130g/m²，以保证漆膜厚度丰满。

(3) 涂面漆。底漆涂完后，砂光。然后涂两次面漆，保证漆膜完整和平整，面漆用量 80～100g/m²。

9.4.3　漆膜固化时间

漆膜干燥时间的测定(GB 1728-79《漆膜 腻子膜干燥时间的测定法》)分为表干时间和实干时间。

表干时间测定：用吹棉球法，在漆膜表面上轻轻放上一个脱脂棉球[直径为

(7±1)mm]，用嘴距棉球 10～15cm，沿水平方向轻吹棉球，如能吹走，漆膜表面不留有棉丝，即认为表干。

实干时间测定：用压滤纸法，在漆膜表面放一片定性滤纸(光滑面接触漆膜，面积为 1cm²)，滤纸上再轻轻放置干燥试验器，同时启动秒表，经 30s，移去干燥试验器，将样板翻转(漆膜向下)，滤纸能自由落下，或在背面用握板之手的食指轻敲 4～5 下，滤纸能由落下而滤纸纤维不被黏在漆膜上，即认为漆膜实际干燥。

UV 漆的固化速度快，通过紫外线照射，在零点几秒内达到表面干燥。表 9-7 是在不同漆膜厚度条件下，VPC-F/Wood 实木复合地板和素材-F/Wood 实木复合地板的漆膜表干时间和实干时间。

表 9-7　在不同漆膜厚度下漆膜干燥时间

漆膜厚度/μm	VPC-F/Wood 实木复合地板		素材-F/Wood 实木复合地板	
	表干时间/s	实干时间/s	表干时间/s	实干时间/s
150	0.68	3	0.46	3
170	0.75	3	0.57	3
200	0.82	4	0.76	3
230	0.92	4	0.9	4
250	0.94	5	0.92	4

从表 9-8 可以看到，两种实木复合地板随着漆膜厚度的增加，其表干时间和实干时间均延长。并且在漆膜厚度相同的条件下，两种实木复合地板漆膜固化时间也几乎相同。这表明 VPC-F 作复合地板的表板对涂饰工艺的影响较小，所以 VPC-F 用作复合地板的表板是完全可行的。

9.4.4　漆膜附着力

漆膜的附着力是指漆膜与被附着物体表面通过物理和化学力作用结合在一起的牢固程度，是考核漆膜性能的重要指标之一。漆膜的牢固程度是涂料实现对基体材料保护的重要基础，附着力的好与坏关系到整个配套涂层的质量。漆膜只有很好地附着在被涂物件上，才能发挥其应有的保护和装饰作用，达到应用涂料的目的，否则即使涂层具有很好的保护性和装饰性，但由于附着不好而造成大片脱落，也是没有实际意义(董秉升，2000；郑国娟，2003)。

影响漆膜附着力的因素较多，归结起来主要有：涂料对地板表板表面的浸润性；地板表板表面状态及特性(表面的化学性质、清洁度、表面粗糙度、表板的含水率以及表板的密度)；涂料的特性；涂饰工艺(涂层厚度、固化条件、涂层表面状态和性质)；使用环境等。本研究采用紫外光固化 UV 漆，通过研究 VPC-F/Wood 实木复合地板材料的漆膜涂饰厚度对附着力的影响，确定最终涂料的涂饰量。

9.4.4.1　漆膜附着力测试

采用单刃刀具手工切割，使刀垂直于样板表面对切割刀具均匀施力，与木纹方向呈约 45°方向进行切割，保持切割速率均匀并划透至底材表面。重复上述操作，划出 6 条等距平行线，间距为 2mm，再作 6 条平行线，与原先切割线呈 90°角相交，形成网格状图形。用软毛刷沿网格每条对角线轻轻掸去漆膜浮屑，拍下此时照片。将长约 75mm 的透明压敏胶带(宽 25mm)的中心点放在网格上方，方向与一组切割线平行，用手指把胶带粘在网格区上方的部位压平，拿住胶带悬空的一端，在接近 60°的角度、0.5～1s 内平稳的撕离胶带，拍下粘后的照片，每个试样上取 3 个试验区域(两端和中间)。然后，用放大镜从各个方向仔细观察漆膜损伤情况，按 GB/T9286—1998《色漆和清漆漆膜的划格试验》中的分级标准评定漆膜附着力等级。分级标准见表 9-8。

表 9-8　漆膜附着力分级标准

等级	说明
1	割痕光滑，无漆膜剥落
2	割痕交叉处有漆膜剥落，漆膜沿割痕有少量断续剥落
3	漆膜沿割痕有断续或连续剥落
4	50%以下的切割方格中，漆膜沿割痕有大碎片剥落或全部剥落
5	50%以上的切割方格中，漆膜沿割痕大碎片剥落或全部剥落

图 9-10 为 VPC-F/Wood 实木复合地板漆膜附着力检测照片。试验发现在达到合格漆膜附着力等级下，枫木塑合木复合地板的漆膜厚度要小于 170μm。随着漆膜厚度的增加，漆膜附着力增大，但当漆膜厚度达到一定程度时，附着力变化趋于平稳。如果漆膜较厚，在固化后会产生收缩应力，该收缩应力方

向与漆膜表面平行，大小与漆膜厚度成正比。这个收缩应力足以抵消一部分漆膜垂直表面方向的附着力，因此在涂饰过程中，漆膜厚度要适中，漆膜过厚也增加成本。因此本研究采用的 UV 涂料，塑合木复合地板的漆膜最终厚度要在 $170\sim220\mu m$。即每平方米塑合木地板的涂漆量为：底漆 $110\sim130g$；面漆 $80\sim100g$。

图 9-10　VPC-F/Wood 实木复合地板漆膜附着力检测

9.4.4.2　漆膜附着力讨论

表 9-9 给出了漆膜厚度对漆膜附着力影响数据。从表 9-9 可以看出，漆膜厚度对漆膜附着力有一定的影响，在漆膜厚度为 $170\mu m$ 时漆膜附着力就达到了 2 级标准。但如果漆膜过厚，固化后内应力增大，这样容易产生开裂并且降低漆膜附着力。

表 9-9　漆膜厚度对漆膜附着力影响

漆膜厚度/μm	漆膜附着力等级	
	VPC-F/Wood 实木复合地板	素材-F/Wood 实木复合地板
150	3	4
170	2	3
190	1	2
220	1	1
240	1	1
260	1	1

VPC-F/Wood 实木复合地板的漆膜最终厚度要在 170～220μm，即每平方米的涂漆量为：底漆 110～130g；面漆 80～100g。

综上所述，枫木单板经过浸注单体后，木材内部的空隙被部分的填充，涂饰时涂料渗入到内部的深度比素材稍差，更多滞留在单板的表层，这样较少的涂饰量可以获得相对较厚的漆膜。但对涂饰效果无影响。总体来说，单板塑合木材料的涂饰性能是完全能够满足工业化生产。

9.5 VPC-F/Wood 实木复合地板及 VPC-F/HDPE 木塑复合地板性能

采用上面确定的胶接工艺，在试验室进行了小试。对产品性能进行分析。通过对比分析 9.5VPC-F/Wood 实木复合地板及 VPC-F/HDPE 木塑复合地板材料的性能，进而对单板塑合木的应用性能进行了评价。试验主要测试的性能指标有：表面效果、密度、含水率、表面布氏硬度、表面耐磨性能、浸渍剥离性能、静曲强度、弹性模量等。

试验中性能检测参考的标准为：GB/T17657—1999《人造板及饰面人造板理化性能试验方法》，GB/T18103—2000《实木复合地板》，GB/T15036.1—2001《实木地板技术条件》和 GB/T18102—2000《浸渍纸层压木地板》。

9.5.1 含水率

9.5.1.1 试验材料及仪器

试件在干燥前后的质量之差与干燥后的质量之比，即为试件的含水率。试验采用的仪器有：天平，感量 0.01g；空气对流干燥箱，恒温灵敏度±1℃，温度范围 40～200℃；干燥器。试件尺寸为 100mm×100mm×12mm(长×宽×厚)。

9.5.1.2 试验方法

将锯好的试件进行称量，精确至 0.01g；然后将试件放入空气对流干燥箱，在温度为(103±2)℃条件下干燥至质量恒定(前后相隔 6h 两次测量所得的含水率差小于 0.1%，本试验最终干燥时间为 48h)，干燥后的试件立即放入干燥器内冷却，冷却后称量，精确至 0.01g。按公式(9-1)计算试件的含水率，精确至 0.1%。

$$H = \frac{m_0 - m_1}{m_1} \times 100\% \tag{9-1}$$

式中：H——试件含水率，%；

　　m_0——试件干燥前的质量，g；

　　m_1——试件干燥后的质量，g；

计算取同块样板上所有试件含水率的算术平均值即为这块样板的含水率，精确至 0.1%。

9.5.1.3　含水率分析

由表 9-10 可以看出，VPC-F/Wood 实木复合地板及 VPC-F/HDPE 木塑复合地板性能分别与素材-F/Wood 实木复合地板材料、素材-F/HDPE 木塑复合地板材料相比，含水率降低了 3.1%和 10%。对于相同的地板基材来说，含水率差异主要取决于覆面材料 VPC-F 和素材-F，说明 VPC-F 的含水率小于素材-F 的。分析其原因，主要是由于 VPC-F 中，木材孔隙被单体填充，排除原有水分和空气，导致含水率降低。VPC-F 材料在空气中可以达到较低的含水率，使其具有良好的性能，同时为应用其做地板提供了有利条件。

表 9-10　4 种地板材料含水率随时间的变化

时间/d	含水率/%			
	VPC-F/Wood 实木复合地板	素材-F/Wood 实木复合地板	VPC-F/HDPE 木塑复合地板	素材-F/HDPE 木塑复合地板
0	6.2	6.4	1.8	2.0
1	6.3	6.5	1.8	2.0
7	6.5	6.7	1.8	2.0
15	6.8	7.0	1.8	2.0
30	7.0	7.2	1.8	2.0
60	7.4	7.8	1.8	2.0
90	7.5	7.9	1.8	2.0
120	7.5	7.9	1.8	2.0

VPC-F/Wood 实木复合地板材料与素材-F/Wood 实木复合地板材料的最终

含水率及含水率的增加率非常接近。这由于两种复合地板采用相同的杨木地板基材，含水率差异主要取决于覆面材料表层单板塑合木和表层素材单板，由于表层单板在整个地板中所占比例较小(大约 16%)且表面需经过油漆涂饰处理，所以表层单板含水率的变化对整个地板材料的含水率的变化影响较小。

VPC-F/HDPE 木塑复合地板材料与素材-F/HDPE 木塑复合地板在试验检测的时间范围内，其含水率随着时间几乎没有变化。这主要是由于其采用的地板基材——HDPE 复合材料的吸湿性较低，而表板 VPC-F 和素材-F 经涂饰处理，吸湿性也大大降低，所以整体来看 VPC-F/HDPE 木塑复合地板材料与素材-F/HDPE 木塑复合地板材料的吸湿性较低。

9.5.2　表面硬度

9.5.2.1　试验材料及仪器

木材万能试验机，读数精度为 10N；直径为 5mm 的钢球布氏硬度测定仪；百分表，读数精度为 0.01mm；秒表。试件尺寸为：40mm×25mm×12mm(长×宽×厚)。

9.5.2.2　试验方法

通过对试件逐渐增加压缩载荷至 2450N 时，测量球形压头压入试件深度的方法，测定试件表面的抗凹能力。将布氏硬度测定仪安装在上试验台上，在下试验台安放好试件。施加载荷，使布氏硬度测定仪的硬度压头与试件横截面两对角线交点处接触，并保持微小压力。待百分表的指针转动一个小角度后，停止加载，转动百分表的表盘，使指针对准表盘的零点处，继续等速(2mm/min)加载至 2450N，使钢球压入试件的表面，并在该负荷下保持 1min。记下百分表的读数，即为压痕深度，精确到 0.01mm。每个试件的布氏硬度 HW(MPa)计算公式如(9-2)所示，精确至 0.01mm。

$$HW = \frac{P}{\pi \times d \times h} \tag{9-2}$$

式中：HW——硬度，MPa；

　　　P——钢球载荷，2450N；

　　　π——圆周率，3.14；

　　d——钢球直径，5mm；

　　h——压痕深度，mm。

取同块样板上所有试件的表面布氏硬度，计算算术平均值，即为该块样板的表面布氏硬度，精确至 1MPa。

9.5.2.3　表面硬度分析

表 9-11 为 4 种地板材料的硬度对比数据。从表 9-11 中可以看出，VPC-F/Wood 实木复合地板、VPC-F/HDPE 木塑复合地板材料与素材-F/Wood 实木复合地板、素材-F/HDPE 木塑复合地板材料相比，其硬度值分别提高了 85.5%和 63.1%，这说明对于 VPC-F 来说，浸注液单体确实进入了木材孔隙中并且在木材内部得到了很好的固化，使得浸注液聚合后具有较大硬度的特点充分体现出来，提高了单板硬度，进而提高了 VPC-F/Wood 实木复合地板、VPC-F/HDPE 木塑复合地板材料的硬度。

表 9-11　4 种地板材料的硬度数值

项目	VPC-F/Wood 实木 复合地板	素材-F/Wood 实木复合地板	VPC-F/HDPE 木塑复合地板	素材-F/HDPE 木塑复合地板
硬度/MPa	91.1(35.7)	49.1(20.1)	94.9(25.6)	58.2(23.7)
提高率/%	85.5	—	63.1	—

注：括号内数值为方差；提高率是表板 VPC-F 相对于 F 而言。

9.5.3　耐磨性

9.5.3.1　试验材料及仪器

测定试样表面与一定粒度的研磨轮在相对摩擦一定转数后，试样质量损失量。所用仪器和工具有：人造板滚动磨损试验机，型号 MMG-5A，济南天辰试验机制造有限公司；天平，感量为 0.001g；砂布，180#(0/3)；研磨轮；脱脂纱布。试件尺寸 100mm×100mm×12mm(长×宽×厚)。

9.5.3.2　试验方法

用脱脂纱布将试件表面擦净并称重，精确到 1mg，用双面胶粘住砂布，制作研磨轮，将其安装在支架上，然后将试件安装在磨耗试验机上，在每个接触面受力为(4.9±0.2)N 条件下，磨耗 100 转，取下试件，除去表面浮灰再次称量其质量，精确至 1mg。试件磨耗值按式(9-3)计算：

$$F = G - G_1 \tag{9-3}$$

式中：F——磨耗值，g/100r；

　　　G——试件磨前质量，g；

　　　G_1——试件磨后质量，g。

计算取自 3 块样板上 3 块试件磨耗值的平均值，记为该材料的磨耗值，精确至 1mg。

9.5.3.3　耐磨性分析

地板的耐磨性主要是检测所使用的漆的耐磨性，由于塑合木复合地板材料经砂光后具有较好润湿性，因此涂料能够在塑合木单板表面均匀浸润扩散分布，能够形成较好的连续的漆膜。这有利于提高漆膜的耐磨性。复合地板耐磨性结果如表 9-12 所示。由于复合地板材料的耐磨性主要是由表板决定，所以表 9-12 只给出了 VPC-F/Wood 实木复合地板、素材-F/Wood 实木复合地板材料的耐磨耗值。

表 9-12　素材-F/Wood 实木复合地板和 VPC-F/Wood 实木复合地板的磨耗值

编号	素材-F/Wood 实木复合地板磨耗值/(g/100r)	VPC-F/Wood 实木复合地板磨耗值/(g/100r)
1	0.0658	0.0542
2	0.0742	0.0436
3	0.0802	0.0441
4	0.0763	0.0590
5	0.0598	0.0476
6	0.0796	0.0462
7	0.0631	0.0397
8	0.0823	0.0412
平均值	0.0727	0.0470

由表 9-12 可以看到，与素材-F/Wood 实木复合地板材料相比，VPC-F/Wood

实木复合地板的磨耗值降低了 35.35%，说明耐磨性有所提高。分析其原因主要是由于浸注单体在木材内聚合，聚合物填充于木材细胞内，并与细胞壁很好的结合，明显改善了材料的耐磨性能。

VPC-F/Wood 实木复合地板材料的表面磨耗值为 0.047g/100r，与国家标准一级实木复合地板的磨耗值(≤0.08g/100r)相比降低了 41.25%，从而使实木复合地板能够应用于更多场所，如购物商场大厅，饭店房间等人流动比较多的地方。扩大了实木复合地板使用范围。

9.5.4　浸渍剥离

9.5.4.1　试验材料及仪器

试件经浸泡、干燥后，通过检测胶层是否发生剥离及剥离程度，进而评价材料的胶合性能。所用仪器：水槽、真空干燥箱、游标卡尺、分析天平、千分尺。试件尺寸 75mm×75mm×12mm(长×宽×厚)。

9.5.4.2　试验方法

将锯好的试件称重，在垂直纹理中心处划线，用游标卡尺测量其宽度，距边 15mm 处测其厚度，做好记录；按照 GB/T18103—2000《实木复合地板》中规定浸渍剥离试验方法进行检验。将试件放置在(70±3)℃的热水中浸渍 2h(保证试件全部浸没在热水之中)，取出后置于(60±3)℃的干燥箱内干燥 3h；取出试件后，仔细观察两种材料之间胶层是否有剥离和分层现象，用钢板尺测量各边剥离和分层部分的长度，做好记录。在测量中，由木材缺陷如开裂、节子等引起的剥离部分不视为剥离。

9.5.4.3　浸渍剥离分析

浸渍剥离性能测试发现，VPC-F/Wood 实木复合地板材料和素材-F/Wood 实木复合地板材料的试件，均无剥离或分层现象发生。VPC-F/HDPE 木塑复合地板材料检测试件中，只有 1 块试件一侧有轻微剥离，开口长度为 17mm；素材-F/HDPE 木塑复合地板材料，均无剥离或分层现象发生。

结果表明采用本章确定的胶合工艺条件，将 VPC-F、素材-F 与杨木地板基材、HDPE 木塑地板基材胶合，均能获得较好的胶接效果，完全能够满足工业生产及达到国家标准要求。

9.5.5　静曲强度和弹性模量

9.5.5.1　试验材料及仪器

静曲强度是确定试件在最大载荷作用时的弯矩和抗弯截面模量之比；弹性模量是确定试件在材料的弹性极限范围内，载荷产生的应力与应变之比。试验通过对试件在$(60±30)s$ 内，逐渐加荷至破坏时所需要的最大载荷的方法来测定材料的静曲强度和弹性模量。所用仪器：木材万能力学试验机(精度 10N)、游标卡尺(精度 0.1mm)、千分尺(精度 0.01mm)。试件尺寸为 250mm×50mm×12mm(长×宽×厚)。

9.5.5.2　试验方法

将试件在$(20±2)℃$、相对湿度$(65±50)\%$条件下放至质量恒定；测定试件的宽度和厚度；调节两支座的跨距为 200mm，使加荷辊轴线作用于两个下支座的中线上；将试件表面朝上安放在两个支座上，确保加荷辊轴线与试件长轴中心线垂直；均匀加载荷，加载速度为 6mm/min，从加载开始，在$(60±30)s$ 内使试件破坏。读出试件破坏时的最大载荷 P_{max}，其精度为 49N。

9.5.5.3　结果与讨论

由于成品地板总厚度为 12mm，而表板的厚度为 1.7～2.0mm。因此地板材料的静曲强度与弹性模量主要取决于地板基材的性质。

表 9-13 给出了 VPC-F/Wood 实木复合地板、素材-F/Wood 实木复合地板、VPC-F/HDPE 木塑复合地板、素材-F/HDPE 木塑复合地板材料的静曲强度；表 9-14 给出了 VPC-F/Wood 实木复合地板、素材-F/Wood 实木复合地板、VPC-F/HDPE 木塑复合地板、素材-F/HDPE 木塑复合地板材料的弹性模量。

从表 9-13 与表 9-14 中可以看出，与素材-F/Wood 实木复合地板材料和素材-F/HDPE 木塑复合地板材料相比，VPC-F/Wood 实木复合地板材料和 VPC-F/HDPE 木塑复合地板材料的静曲强度分别提高了 24.3%和 3.2%；弹性模量提高了 4.3%和 3.4%。试验中发现，VPC-F/HDPE 木塑复合地板和素材-F/HDPE 木塑复合地板材料均在 HDPE 木塑地板基材上出现断裂，表层材料素材-F 及 VPC-F 无损，说明静曲强度和弹性模量的高低主要取决于 HDPE 木塑地板基材性能以及其与素材-F、VPC-F 两种材料的胶合性能。

表 9-13　4 种地板材料的静曲强度

项目	VPC-F/Wood 实木复合地板	素材-F/Wood 实木复合地板	VPC-F/HDPE 木塑复合地板	素材-F/HDPE 木塑复合地板
静曲强度/MPa	59.9(3.6)	48.2(1.3)	61.1(2.6)	59.2(2.0)
提高率/%	24.3	—	3.2	—

注：括号内数值为方差；提高率是表板 VPC-F 相对于 F 而言。

表 9-14　4 种地板材料的弹性模量

项目	VPC-F/Wood 实木复合地板	素材-F/Wood 实木复合地板	VPC-F/HDPE 木塑复合地板	素材-F/HDPE 木塑复合地板
弹性模量/GPa	4.9(3.6)	4.7(1.3)	6.1(2.6)	5.9(2.0)
提高率/%	4.3	—	3.4	—

注：括号内数值为方差；提高率是表板 VPC-F 相对于 F 而言。

9.6　几种复合地板的性能对比

对 VPC-F/Wood 实木复合地板材料和 VPC-F/HDPE 木塑复合地板的各项物理力学性能指标测定，如表 9-15 所示。从表 9-15 中可以看出，VPC-F/Wood 实木复合地板材料和 VPC-F/HDPE 木塑复合地板的硬度、表面耐磨性、静曲强度等明显好于普通实木复合地板与强化复合地板。从而实现了在保持木材所固有装饰性能的前提下，提高了实木复合地板的各项性能指标，从而使实木复合地板能够应用于更多场所，如购物商场大厅、饭店房间等人流动比较多的地方。

表 9-15　几种复合地板性能指标对比

性能指标	VPC-F/Wood 实木复合地板	VPC-F/HDPE 木塑复合地板	实木复合地板	强化复合地板
含水率/%	8.6	1.8	5～14	3～10
硬度/MPa	91.1	94.9	49.1	—
表面耐磨/(g/100r)	0.047	—	≤0.15 且漆膜未磨透	—
静曲强度/MPa	59.9	61.1	≥30	≥30
弹性模量/GPa	4.9	6.1	≥4000	

9.7　本　章　小　结

本章主要是分析单板塑合木的表面性能，通过大量的试验和实际生产尝试，证实了生产单板塑合木复合地板是可行的。制定了 VPC-F/Wood 和 VPC-F/HDPE 两种复合地板产品的生产工艺路线，并对其性能进行了检测分析，得出了以下结论。

(1) ①未砂光材料接触角测试表明：随着时间延长，水、甘油和脲醛树脂胶黏剂 3 种液体在素材-F、VPC-F、VPC-F-MS-Z 材料表面的接触角均呈变小趋势。在测试时间范围内，3 种液体的接触角均小于 90°，说明水、甘油及胶黏剂能够浸润这几种材料。②砂光材料接触角测试表明：VPC-F 木与素材-F 相比，润湿性有所下降，主要原因可能是浸注单体后，填充了木材原有孔隙，阻碍了液体在表面的润湿和渗透。同时，通过 3 种液体接触角的测定也可以看出，VPC-F 可以满足液体的浸润及黏附要求，其表面润湿性能比较好，能够进行胶接、涂饰等二次加工。

(2) ①VPC-F/Wood 实木复合地板的制备工艺：选用改性的脲醛树脂胶黏剂、单面涂胶量 180g/m²、单位压力 1.0MPa、热压温度为(110±3)℃、热压时间为 240s。②VPC-F/HDPE 木塑复合地板的制备工艺：选用异氰酸酯胶黏剂、单面涂胶量 150g/m²、单位压力 1.0MPa、热压温度为 60℃、加压时间为 9h、固化剂配比为 25%。

(3) 采用紫外光固化 UV 漆，对塑合木的涂饰性能研究结果表明：VPC-F/Wood 实木复合地板与素材-F/Wood 实木复合地板在漆膜厚度相同条件下，漆膜固化时间也几乎相同。这表明单板塑合木作为复合地板的表板能够得到较好的涂饰效果，单板塑合木材料的涂饰性能是完全能够满足工业化生产。

(4) VPC-F 作表板的复合地板的漆膜最终厚度在 170～220μm 之间，即每平方米的涂漆量为：底漆 110～130g，面漆 80～100g。

(5) 制备的 VPC-F/Wood 实木复合地板及 VPC-F/HDPE 木塑复合地板与其对应的素材-F/Wood 实木复合地板和素材-F/HDPE 复合地板相比：硬度分别提高了 85.5%和 63.1%；表面磨耗值为 0.047g/100r，与国家标准一级实木复合地板的磨耗值相比降低了 41.25%；静曲强度分别提高了 24.25%和

3.2%；弹性模量分别提高了 4.29%和 3.4%。在保持了木材所固有装饰性能的前提下，提高了实木复合地板的各项性能指标，从而拓宽了实木复合地板的应用场所，使其可应用于购物商场大厅、饭店房间等人流动比较多的地方。

第 10 章 结 论

本书通过采用热引发聚合法，制备了枫木单板塑合木，并进行了中试应用研究。设计、优化了枫木单板塑合木浸注液配方，探讨了制备工艺，制备了性能优良的枫木单板塑合木。对制备的枫木单板塑合木中聚合物与木材的结合及其分布情况进行了研究，评价了枫木单板塑合木的燃烧性能，探讨了枫木单板塑合木的动态力学性能。检测了枫木单板塑合木的各项性能，并将枫木单板塑合与杨木地板基材、木塑复合材复合制备了 VPC-F/Wood 实木复合地板及 VPC-F/HDPE 木塑复合地板产品，探索了枫木单板塑合木的应用，得出的主要结论如下。

(1) 以甲基丙烯酸甲酯(MMA)为主要单体，添加苯乙烯(St)作为抑制聚合后收缩和改善冲击的共聚改性单体，以马来酸酐(MAH)为接枝功能单体，以偶氮二异丁腈(AIBN)为引发剂，研制了适于枫木塑合木的浸注液优化配方(100%MMA，20%St，5%MAH，0.25%AIBN)。

(2) 采用上述优化浸注液配方制备了枫木单板塑合木，其优化的工艺参数为：前真空真空度–0.1MPa，时间 10min；加压浸注的压力 1.0MPa，时间 30min；加热固化温度(85±5)℃，时间 100min 左右，压力 0.8~1.0MPa。在上述条件下固化后的聚合增重率(单体留存率)55%左右。制备的塑合木与素材相比，抗弯强度提高了 30.26%，抗弯弹性模量提高了 7.76%，冲击强度提高了 104.15%，耐酸性提高了 34.60%，耐碱性提高了 80.86%。

(3) 采用电子显微镜和傅里叶红外光谱对最优配方及工艺制备的枫木单板塑合木中聚合物的分布及与木材的结合情况进行了研究：电镜观察发现聚合物在木材中的分布较均匀，与细胞壁结合紧密；红外谱图证实有酯键与细胞壁化学连接，这可能是枫木单板塑合木性能提高的重要原因。

(4) 最优配方及工艺制备的枫木单板塑合木与素材相比，热释放速率分布区域变宽，点燃时间滞后，具有一定的阻燃效果。但枫木单板塑合木的总热释放量、烟比率和 CO 浓度均高于素材，故需要根据具体的使用要求进行阻燃处理。将单板首先用 FRW 阻燃剂处理(载药率 10%)，然后用优化配方浸注液处理制备了阻燃型枫木塑合木，其阻燃、抑烟性能明显提高。

(5) 枫木单板塑合木和阻燃枫木单板塑合木均随着聚合增重率的增加，热释放速率峰值升高，区间分布明显变宽；总热释放量增加；火灾性能指数降低，烟比率曲线峰值和 CO 浓度曲线峰值均明显升高。

(6) 本书枫木单板塑合木制备工艺实现了单体的回收循环利用，使单体利用率基本保持在 88%以上，大大降低了塑合木生产的成本，同时很好地解决了挥发性单体污染问题。此工艺中枫木单板塑合木制备的周期短，整个周期仅需要大约 220～305min，不仅在生产效率上大大提高，而且加快了浸注液的循环利用，从另一方面延长了浸注液的存储期。

(7) ①VPC-F/Wood 实木复合地板的制备工艺：选用改性的脲醛树脂胶黏剂、单面涂胶量 180g/m²、单位压力 1.0MPa、热压温度为(110±3)℃、热压时间为 240s；VPC-F/HDPE 木塑复合地板的制备工艺：选用异氰酸酯胶黏剂、单面涂胶量 150g/m²、单位压力 1.0MPa、热压温度为 60℃、加压时间为 9h、固化剂配比为 25%。②VPC-F/Wood 实木复合地板及 VPC-F/HDPE 木塑复合地板与其对应的素材-F/Wood 实木复合地板和素材-F/HDPE 饰面复合地板相比：硬度分别提高了 85.5%和 63.1%；静曲强度分别提高了 24.25%和 3.2%；弹性模量分别提高了 4.29%和 3.4%。在保持了木材所固有装饰性能的前提下，提高了实木复合地板的各项性能指标，从而使实木复合地板能够应用于更多场所。

本书研究的创新之处有以下几个方面。

(1) 优化出最优枫木单板塑合木制备配方为：以 MMA 为主单体(其他单体用量以 MMA 用量为基准)，St 用量为 20%，MAH 用量为 5%，AIBN 用量为 0.25%。最优枫木塑合木制备工艺参数为：前真空真空度–0.1MPa，时间 10min；加压浸注的压力 1.0MPa，时间 30min；加热固化温度(85±5)℃，时间 100min 左右，压力 0.8～1.0MPa。

(2) 使用专用处理罐——单板塑合木生产用真空加压浸注和/或热固化罐，结合最优浸注液配方和工艺，降低了单体的挥发、实现了单体的回收，单体利用率达到 88%以上，使得热引发聚合制备的塑合木不仅生产成本低，而且更安全。

(3) 较系统地检测评价了枫木单板塑合木的燃烧性能，揭示了塑合木热释放总量虽大、并且在较长的时间内都有较高热释放，但是热释放速率峰值并不高、火灾性能指数降低是塑合木燃烧性能的独特之处，为指导应用提供了科学依据。

(4) 以枫木单板塑合木作为表板，与杨木地板基材、HDPE 基木塑复合材料基材复合，制备了性能优异的复合地板材料。

参 考 文 献

鲍甫成, 吕建雄. 1992. 木材渗透性可控制原理研究. 林业科学, 28(4): 336-342

陈广琪. 1991. 木材润湿性的测定及其应用. 建筑人造板, (4): 15-18

陈晓剑, 梁梁. 1993. 系统评价方法及其应用. 合肥: 中国科学技术大学出版社, 15-45

程羽, 郭成, 景成芳, 等. 2001. 木塑复合材料疲劳性能的研究. 复合材料学报, 11(4): 119-122

狄海燕, 吴世臻, 杨中兴, 等. 2007. 各种因素对动态热机械分析结果的影响. 高分子材料科学与工程, 23(4): 188-191

董宇平, 封麟先, 杨士林. 1997. 苯乙烯-马来酸酐本体自由基共聚合反应机理. 高等学校化学学报, 18(11): 1884-1887

杜文琴, 巫莹柱. 2007. 接触角测量的量高法和量角法的比较. 纺织学报, 28(7): 29-32

费本华, 鱼雁, 黄安民, 等. 2010. 木材细胞壁力学研究进展. 生命科学, 22(11): 1173-1176

高黎, 王正. 2005. 木塑复合材料的研究发展及展望. 人造板通讯, (2): 5-8

葛明裕, 彭海源, 戴澄月, 等. 1983. 加热法制造木塑复合材的研究. 林业科学, 19(1): 64-72

龚辛颐, 白郁华, 虞江平, 等. 1998. 北大园区室内挥发性有机物(VOCs)的研究. 环境科学研究, 11(6): 52-54

贺宏奎, 常建民, 李效东, 等. 2005. 新型的木质复合材料. 木材加工机械, (5): 39-42

黄秉升. 2000. 漆膜附着力测定和漆膜划格试验. 表面技术, 29(3): 28-29

黄险波, 王林, 陈宇. 2005. 锥形量热仪对阻燃高抗冲聚苯乙烯燃烧性能的研究. 阻燃材料与技术, 2: 9-11

黄燕娣, 赵寿堂, 胡玢. 2007. 室内人造板材制品释放挥发性有机化合物研究. 环境监测管理与技术, 19(1): 38-40

李辰, 梁冰, 师彦平, 等. 2005. 室内空气中挥发性有机物污染及检测方法. 分析测试技术与仪器, 11(1): 39-45

李坚. 2006. 木材保护学. 北京: 科学出版社, 36-48

李坚, 王清文, 等. 2002. 用 CONE 法研究新型木材阻燃剂 FRW 的阻燃性能. 林业科学, 38(5): 108-113

李坚. 木材科学. 2002. 北京: 高等教育出版社, 477-482

李贤军, 刘元, 高建民. 2009. 高温热处理木材的 FTIR 和 XRD 分析. 北京林业大学学报, 31(1): 104-107

李永峰, 刘一星, 王逢瑚, 等. 2011. 木材渗透性的控制因素及改善措施. 林业科学, 47(5): 131-139

李源. 1999. 苯乙烯/甲基丙烯酸酯/丙烯腈三元接枝共聚塑木研究. 林业科学, 35(2): 82-86

刘一星, 于海鹏, 赵荣军, 等. 2007. 木质环境学. 北京: 科学出版社, 11-80

刘一星, 赵广杰. 2012. 木材学. 北京: 中国林业出版社

卢国建, 刘松林, 彭小芹. 2005. 木材的燃烧性能研究—锥形量热计法. 消防科学与技术, 24(4): 414-419

罗家汉, 肖惠宁. 1989. MMA-MAn-St(或αMS)三元共聚有机玻璃的研究. 现代塑料加工应用, 2: 24-29

马占镖. 2002. 甲基丙烯酸树脂及其应用. 北京: 化学工业出版社

潘才元. 1999. 高分子化学. 合肥: 中国科学技术大学出版社, 198

潘晓英, 陆战堂. 2003. 室内空气污染现状及其防治对策. 污染防治技术, 16(1): 31-33

潘祖仁. 2003. 高分子化学. 北京: 化学工业出版社, 23-30

浦鸿汀, 苏发英, 王坚, 等. 1998. 光致发光聚甲基丙烯酸甲酯塑料的研究. 颜料工业, 26 (4): 113-116

邱坚, 肖绍琼, 等. 2003. 西南桤木木塑复合材料的研究. 林业科学, 39(3): 98-105

邱威杨. 1994. 木材塑化工艺. 中国科技信息, (1): 2-6

任玉坤. 1995. 木塑复合材的研究、生产及发展概述. 木材工业, 9(6): 32-36

任重远, 李邦. 1993. 聚丙烯酸酯木塑复合材料. 复合材料学报, 11(3): 7-12

舒中俊, 徐晓楠, 李响, 等. 2007. 聚合物物材料火灾燃烧性能评价. 北京: 化学工业出版社, 61-67

单国荣, Gilles F, Yann L E.2002. 甲基丙烯酸甲酯聚合动力学和分子量模型及仿真. 高等学校化学学报, 23(11): 2182-2187

唐舜英, 叶仲清, 徐玲, 等. 1988. MMA、St 及 MMA/St 聚合温度和极限转化率的关系. 塑料工业, 4: 19-23

王传耀. 2006. 木质材料表面装饰. 北京: 中国林业出版社

王逢瑚, 马立军, 李永峰, 等. 2005. 强化杨木单板混合树脂液的配比. 东北林业大学学报, 33(6): 45-46

王海刚, 宋永明, 王清文. 2006. 针状木纤维/HDPE 复合材料的力学性能. 林业科学, 42(12): 108-113

王恺, 张奕. 1990. 积极开发木质复合材料、优化木材资源高效利用. 木材工业, 4(1): 19-20

王强, 曹爱丽, 等. 1999. 苯乙烯(St)/甲基丙烯酸甲酯(MMA)/丙烯腈(AN)三元接枝共聚塑合木研制. 林业科学, 35(2): 82-86

王清文. 2000. 木材阻燃工艺学原理. 哈尔滨: 东北林业大学出版社, 55-85

王清文, 李坚. 2004. 用 CONE 法研究木材阻燃剂 FRW 的阻燃机理. 林产化学与工业, 24(2): 29-34

王清文, 李坚, 吴绍利, 等. 2002. 用 CONE 法研究新型木材阻燃剂 FRW 的抑烟性能. 林业科学, 38(6): 103-109

王清文, 李淑君, 崔永志, 等. 1999. 新型木材阻燃剂 FRW 的阻燃性能. 东北林业大学学报, 27(6): 31-33

王清文, 廖恒, 李泽文, 等. 2007. 塑合木生产用真空加压浸注和/或热固化罐. 中国专利:

ZL200710072688.4

王清文, 王伟宏, 等. 2007. 木塑复合材料与制品. 北京: 化学工业出版社, 289-310

王清文, 周军浩, 隋淑娟, 等. 2007. 一种乙烯基单体塑合木的制备方法. 中国专利: ZL200710072699.2

王新爱, 朱玮, 汪玉秀, 等. 2001. 杨木塑合木制备初探——Ⅱ杨木酯化塑合木的制备. 西北林学院, 16(3): 61-63

王雁冰, 黄志雄, 张联盟. 2004. DMA 在高分子材料研究中的应用. 国外建材科技, 25(2): 25-26

吴玉章, 松井宏昭, 片冈厚. 2003. 酚醛树脂对人工林杉木木材的浸注性及其改善的研究. 林业科学, (39): 136-140

徐玲. 1998. 甲基丙烯酸甲酯-苯乙烯共聚物分子质量的研究. 石油化工高等学校学报, 11(4): 12-16

徐玲, 唐舜英, 潘仁云, 等. 1990. MMA-St 高转化率共聚动力学. 塑料工业, 4: 7-11

徐配弦. 2003. 高聚物流变学及其应用. 北京: 化学工业出版社, 8-11

许建中, 许晨. 2008. 动态机械热分析技术及其在高分子材料中的表征应用. 化学工程与装备, 6: 22-26

许民, 王清文, 李坚. 2001. 锥形量热仪法在木材阻燃性能测试中的应用——FRW 阻燃落叶松木材阻燃性能分析. 东北林业大学学报, 29(3): 17-20

杨朝明, 陈剑楠. 2005. 低吸水性聚甲基丙烯酸甲酯的研究. 山西化工, 25(4): 1-3

杨福生. 2001. 甲基丙烯酸甲酯与苯乙烯共聚物的研究. 化学工程师, 82(1): 31

杨文斌, 李坚, 刘一星. 2005. 木塑复合材料表面润湿性研究. 福建师范大学学报(自然科学版), 21(3): 19-21

于有骏, 齐大荃. 1990. N2 对氯苯基甲基丙烯酰胺的合成及其与甲基丙烯酸甲酯共聚合的研究. 北京大学学报(自然科学版), 26(2): 129-132

岳翠银. 2001. 木塑复合材的研究. 林业科技, 16(2): 83-87

张军, 纪奎江, 夏延致. 2005. 聚合物燃烧与阻燃技术. 北京: 化学工业出版社, 398-450

张留成, 翟雄伟, 丁会利. 2007. 高分子材料基础. 北京: 化学工业出版社, 25-29

张双宝, 杨晓军. 2001. 木质复合材料的研究现状与前景. 建筑人造板, 2: 3-6

张一帆. 2006. 木质材料表面装饰技术. 北京: 化学工业出版社

赵明, 黄河浪. 2009. 5 种实木复合地板木材表面润湿性研究. 林业科技开发, 23(6): 29-33

赵寿堂, 宁占武, 王静, 等. 2005. 固相微萃取-气相色谱-质谱法研究新建建筑室内挥发性有机化合物的组成及其特征. 中国环境监测, 21(5): 37-42

郑国娟. 2003. 漆膜附着力及其测试标准. 化工标准、计量、质量, (5): 23-24

周持兴. 2003. 聚合物流变试验与应用. 上海: 上海交通大学出版社, 5-6

周虹, 伍玲, 聂阳, 等. 2001. 辐射法制备木塑复合材地板. 辐射研究与辐射工艺学报, 19(2): 111-117

朱玮, 郭风平. 1998. 塑合木研究的新动态. 西北林学院学报, 13(4): 82-91

川上英夫, 山科創, 種田健造, 等. 1979. 官能性樹脂による WPC 化(1)—橋かけ性及び極性

モノマー添加の影響. 木材学会誌, 25(3): 209-215

古野毅, 上原徹, 城代進. 1991. コロナ放電処理によって作製したスチレン WPC の寸法安定性. 島根大農研報, 21(25): 123-129

種田健造, 川上英夫, 石田茂雄, 等. 1979. 塑合木内ポリマーの観察(第 1 報)木質部の溶解と分離したポリマー形態. 木材学会誌, 25(3): 209-215

Abe H, Funada R. 2005. The orientation of cellulose microfibrils in the cell walls of tracheids in conifers. Iawa Journal, 26(2): 161-174

Autio T, Mieitmen J K. 1970. Experiments in Finland on properties of wood-polymer combinations. Forest Products Journal, 20(3): 36-42

Azaiez J, Guenette R, Ait-Kadi A. 1997. Investigation of the abrupt contraction flow of fiber suspensions in polymeric fluids. Journal of Non-Newtonian Fluid Mechanics, 73(3): 289-316

Babrauskas V, Lawson J R, Walton W D. 1982. Upholstered furniture heat release rates measured with a furniture calorimeter. NBSIR. Natl Bur Stand, 82-2611

Babrauskas V. 1990. The cone calorimeter—a new tool for five safety engineering. Astm Standardization News. 18(1): 5-32

Babrauskas V. 1993. Ten years of heat release research with the cone calorimeter in heat release and fire hazard. Building Research Institute, Tsukuba, Japan, Ⅲ-1.

Back E L, Salmen N L. 1982. Glass transition of wood components hold implications for molding and pulping processes. Tappi Journal, 65(7): 107-110

Baki H, Yalçin Örs, Hakki M A. 1993. Improvement of wood properties by impregnation with macromonomeric initiators(macroinimers). Journal of Applied Ploymer Science, (47): 1097-1103

Baysal E, Ozaki S K, Yalinkilic M K. 2004. Dimensional stabilization of wood treated with furfuryl alcohol catalysed by borates. Wood Science and Technology, 38(6): 405-415

Boey F Y C, Chia L H L, Teoh S H. 1985. Compression, bend, and impact testing of some tropical wood-polymer composites. Radiation Physics and Chemistry, 26(4): 415-421

Boey F Y C, Chia L H L, Teoh S H. 1987. Model for the compression failure of an irradiated tropical wood-polymer composite. Radiation Physics and Chemistry, 29(5): 337-348

Brebner K I, Schneider M H. 1985. Wood-polymer combinations: Bonding of alkoxysilane coupling agents to wood. Wood Science and Technology, 19: 67-73

Brydson J A. 1982. Plastic Materials. London: Butterworth-Heinemann, 335-337

Bull C, Espinoza B J, Figueroa C C, et al. 1985. Production of wood-plastic composites with gamma radiation polymerization. Nucleotecnica, 4: 61-70

Bütün F Y, Sauerbier P, Militz H, et al. 2019. The effect of fibreboard (MDF) disintegration technique on wood polymer composites (WPC) produced with recovered wood particles. Composite Part A, 118: 312-316

Cabane E, Keplinger T, Merk V, et al. 2014. Renewable and functional wood materials by grafting polymerization within cell walls. ChemSusChem, 7: 1020-1025

Chao W Y, Lee A W C. 2003. Vacuum impregnation of pine wood with styrene. Holzforschung, 57(3): 333-336

Chen H, Miao X, Feng Z, et al. 2014, In situ polymerization of phenolic methylolurea in cell wall and induction of pulse-pressure impregnation on green wood. Industrial and Engineering Chemistry Research, 53(23): 9721-9727

Chia L H L, Kong H K. 1981. Preparation and properties of some wood-plastic combinations involving some tropical commercial woods. Macromolecular Science Chemistry, 16(4): 803-817

Chow S Z, Pickeles K. J. 1971. Thermal softening and degradation of wood and bark. Wood and Fiber Science, 3(2): 166-178

Czvikovszky T. 1981. Wood-polyester composite materials. II. Dependence of the processing parameters on the initiation rate. Angew Makromol Chemistry, 96: 179-191

Denise O S, Francisco A R, Lahr. 2004. Wood-polymer composite: physical and mechanical properties of some wood species impregnated with styrene and methyl methacrylate. Materials Research, 7(4): 611-617

Devi R R, Ali I, Maji T K. 2003. Chemical modification of rubber wood with styrene in combination with a crosslinker: effect on dimensional stability and strength property. Bioresource technology, 88(3): 185-188

Dong Y, Altgen M, Mäkelä M, et al. 2020. Improvement of interfacial interaction in impregnated wood via grafting methyl methacrylate onto wood cell walls. Holzforschung, 74(10): 967-977

Dong Y, Wang K, Yan Y, et al. 2016b. Grafting polyethylene glycol dicrylate (PEGDA) to cell walls of poplar wood intwo steps for improving dimensional stability and durability of the wood polymer composite. Holzforschung, 10: 919-926

Doss N L, El-Awady M M, El-Awady N I, et al. 1991. Impregnation of white pine wood with unsaturated polyesters to produce wood-plastic combinations. Journal of Applied Polymer Science, 42: 2589-2594

Ellis W D, O'Dell J L. 1999. Wood-polymer composites made with acrylic monomers, isocyanate, and maleic anhydride. Journal of Applied Polymer Science, 73(12): 2493-2505

Ellis W D, Sanadi A R. 1997. Expanding the limits of wood polymer composites: studies using dynamic mechanical thermal analysis. Proceedings of the 18th Risø International Symposium on Materials Science: Polymeric Composites-Expanding the Limits, 307-312

Ellis W D. 1994. Moisture sorption and swelling of wood polymer composites. Wood Fiber Science, 26(3): 333-341

Elvy S B, Dennis G R, Ng L T. 1995. Effects of coupling agent on the physical properties of wood-polymer composites. Journal of Materials Processing Technology, 48(1-4): 365-371

Ermeydan M A, Cabane E, Gierlinger N, et al. 2014. Improvement of wood material properties via in situ polymerization of styrene into tosylated cell walls. RSC Advance, 25: 12981-12988

Ermeydan M A, Zeynep N K, Eylem D T. 2019. Effect of process variations of polycaprolactone modification on wood durability, dimensional stability and boron leaching. Holzforschung, 73: 847-858

Ermeydan M A., Babacan M, Tomak E D. 2020. Evaluation of dimensional stability, weathering and decay resistance of modified pine wood by in-situ polymerization of styrene. Journal of Wood Chemistry and Technology, 40(5): 294-305

Evans P D, Wallis A F, Owen N L. 2000. Weathering of chemically modified wood surfaces: natural weathering of Scots pine acetylated to different weight gains. Wood Science and Technology, 34: 151-165

Feist W C, Rowell R M. 1991. Moisture sorption and accelerated weathering of acetylated and methacrylated aspen. Wood and Fiber Science, 23(1): 128-136

Ferry J D. 1980. Viscoelastic Properties of Polymers. New York: Wiley

Fujimura T, Inoue M, Imamura Y, et al. 1994. Improvement of the durability of wood with acryl-high-polymerⅦ. Measurement of polymer absorption wood by piezoelectric quartz crystal. Mokuzai Gakkaishi, 40(1): 36-43

Fujimura T, Inoue M, Uemura I. 1990. Durability of wood with acrylic high polymer. Ⅱ. Dimensional stability with cross linked acrylic copolymer in wood. Mokuzai Gakkaishi, 36(10): 851-859

Fujimura T, Inoue M. 1992. Improvement of the durability of wood with acryl-high-polymer Ⅳ. Effects of bulking on the dimensional stability of composites. Mokuzai Gakkaishi, 38 (3): 264-269

Fujimura T, Inoue M. Furuno T, et al. 1993. Improvement of the durability of wood with acryl-high-polymer Ⅴ. Absorption of hydrophilic acrylic polymer onto wood swollen with acetone. Mokuzai Gakkaishi, 39(3): 315-321

Fujimura T, Inoue M. 1991. Improvement of the durability of wood with acryl-high-polymer, Ⅲ. Dimensional stability of wood with crosslinked epoxy-copolymer. Journal of the Japan Wood Research Society (Japan), 37(8): 719-726

Furuno T, GOTO T. 1970. The penetration of MMA monomer into hinoki. Mokuzai Gakkaishi, 16(5): 201-208

Furuno T, Uehara T, Jodai S. 1992. The role of wall polymer in the decay durability of wood-polymer composites. Mokuzai Gakkaishi, 38(3): 285-293

Furuno T., Goto, T.1973. Structure of the interface between wood and synthetic polymer (III): The penetration of MMA monomer into woody cell wall. Mokuzai Gakkaishi, 19(6): 271-274

Ge M, Peng H, Dai C, et al. 1983. Heating wood-plastic composites. Scientia Silvae Sinicae, 19(1): 64-72

Gindl W, Gupta H S, Schoberl T, et al. 2004. Mechanical properties of spruce wood cell walls by nanoindentation. Applied physics A: Materials Science and Processing, 79(8): 2069-2073

Gindl W, Müller U, Teischinger A. 2003. Transverse compression strength and fracture of spruce wood modified by melamine-formaldehyde impregnation of cell walls. Wood & Fiber Science Journal of the Society of Wood Science & Technology, 35(2): 239-246

Handa T, Yoshizawa S, Seo I, et al. 1981. Polymer performance on the dimensional stability and the mechanical properties of wood-polymer composites evaluated by polymer-wood interaction mode. Abstract Pap American Chem Society, 45: 375-381

Hartley I D, Schneider M. H. 1993. Water vapour diffusion and adsorption characteristics of sugar maple (Acer saccharum, Marsh.) wood polymer composites. Wood Science and Technology, 27(6): 421-427

He X, Xiao Z, Feng X, et al. 2016. Modification of poplar wood with glucose crosslinked with citric acid and 1, 3-dimethylol-4, 5-dihydroxy ethyleneurea. Holzforschung, 70: 47-53

Helinska-Raczkowska L, Molinski W. 1983. Effect of atmospheric corrosion in contact with rusting iron on the impact strength of lignomer. Zesz Probl Postepow Nauk Roln, 260: 199-210

Hill C A S. 2006. Wood modification: chemical, thermal and other processes. Chichester: John Wiley and Sons

Hill C A S, Khalil H A, Hale M D. 1988. A study of the potential of acetylation to improve the properties of plant fibres. Industrial Crops and Products, 8: 53-63

Hill C A S, Jones D, Strickland G, et al. 1998. Kinetic and mechanistic aspects of the acetylation of wood with acetic anhydride. Holzforschung, 52: 623-629

Hill D J T, O'Donnell J H, O'Sullivan P W. 1983. Analysis of the complex-dissociation model for free-radical copolymerization. Macromolecules, 16(8): 1295-1300

Hon D N S. 1995. Stabilization of wood color: is acetylation blocking effective? Wood and Fiber Science, 27: 360-367

Hon D N S. 1996. Chemical modification of lignocellulosic materials. New York: Marcel Dekker

Husain M M, Mubarak A, Khan, et al. 1996. Wood Plastic Composite at different urea concentration. Radiation Physics and Chemistry, 47(1): 149-153

Iya V K. Majali A B. 1978. Development of radiation processed wood-polymer composites based on tropical hardwoods. Radiation Physics and Chemistry, 12(3-4): 107-110

Kawakami H, Taneda K. 1973. Impregnation of sawn veneers with methyl methacrylate and unsaturated polyester-styrene mixture, and the polymerization by a catalyst-heat technique. Polymerization in several wood species and properties of treated veneers. Journal of Hokkaido Forest Product Research Institute, 10: 22-27

Kawakami H,Taneda K, Ishida S, et al. 1981. Observation of the polymer in wood-polymer composite II. On the polymer location in WPC prepared with methacrylic esters and the relationship between the polymer location and the properties of the composites. Mokuzai Gakkaishi, 27(3): 197-204

Kenaga D L, Fennessey J P, Stannett V T. 1962. Radiation grafting of vinyl monomers to wood. Forest Products Journal,12(4): 161-168

Kenaga D L. 1970. The heat cure of high boiling styrene-type monomers in wood. Wood and Fiber Science, 2(1): 40-51

Keplinger T, Cabane E, Chanana M, et al. 2015. A versatile strategy for grafting polymers to wood cell walls. Acta Biomater, 11: 256-263

Khan M A, Ali K M I. 1992. Role of additives on tensile strength of wood-plastic composite. Radiation Physics and Chemistry, 40(6): 421-426

Krässig H A. 1993. Cellulose:structure, accessibility and reactivity. Pennsylvania: Gordon and Breach Science Publishers, 376

Lawniczak M, Melcerova A, Melcer I. 1987. Analytical characterization of pine and alder wood polymer composites. Holzforschung und Holzverwertung, 39(5): 119-121

Lawniczak M, Pawlak H. 1983. Effect of wood saturation with styrene and addition of butyl methacrylate and acrylonitrile on the quality of the produced lignomer. Zesz. Probl. Postepow Nauk Roln, 260: 81-93

Lawniczak M. 1994. Influence of aspen wood density and position in tree on selected properties of wood polystyrene system. Holzals Rshund Werdstoff, 52(1): 19-27

Lawniczak M. Szwarc S. 1987. Crosslinking of polystyrene in wood-polystyrene composite preparation. Zesz Probl Postepow Nauk Roln, 299(37): 115-125

Li Y, Dong X, Lu Z, et al. 2013. Effect of polymer in situ synthesized from methyl methacrylate and styrene on the morphology, thermal behavior, and durability of wood. Journal of Apply Polymer Science, 128: 13-20

Loos W E, Robinson G L. 1968. Rates of swelling of wood in vinyl monomers. Forest Product Journal, 18(9): 109-112

Loos W E. 1968. Dimensional stability of wood-plastic combinations to moisture changes. Wood Science and Technology, 2(4): 308-312

Lubke H, Jokel J. 1983. Combustibility of lignoplastic materials. Zesz Probl Postepow Nauk Roln, 260: 281-292

Lutomski K. 1990. Fire-resistance of wood polystyrene composite improved with organophosphates. Proceedings of XIX World IUFRO congress, 5-11 August, Montreal, Canada, 94-110

Maldas D, Kokta B V, Daneault C. 1989. Thermoplastic composites of polystyrene: Effect of different wood species on mechanical properties. Jouranl of Applied Polymer Science,38: 413-439

Mankar R B, Saraf D N, Gupta S K. 2002. On-line optimizing control of bulk polymerization of methyl methacrylate: some experimental results for heater failure. Journal of Applied Polymer Science, 85(11): 2350-2360

Mano F. 2002. The viscoelastic properties of cork. Journal of Material Science, 37(2): 257-263

Manrich S, Marcondes J A. 1989. The effect of chemical treatment of wood and polymer characteristics on the properties of wood polymer composites. Journal of Applied Polymer Science, 37(7): 1777-1790

Masahisa W, Masami F. 1992. Bending strength properties and dimensional stability in radial direction of acetylated wood-poly methyl methacrylate composites.Mokuzai Gakkaishi, 38(11): 1035-1042

Mathias L J, Lee S, Wright J R, et al. 1991. Improvement of wood properties by impregnation with multifunctional monomers. Journal of Applied Polymer Science, 42(1): 55-67

Matsuda H, Ueda M, Mori H. 1988. Preparation and crosslinking of oligoesterified woods based on maleic anhydride and allyl glycidyl ether. Wood Science and Technology, 22(1): 21-32

Matsuda H, Ueda M. 1995. Preparation and utilization of etherified woods bearing carboxyl groups Ⅵ: Stepwise alternately adding etherification reaction of etherified woods with epoxides and dicarboxylic acid anhydrides. Mokuzai Gakkaishi, 31(6): 468-474

Matsuda H. 1992. Preparation and properties of oligoesterified wood blocks based on anhydride and epoxide. Wood Science and Technology, 27(1): 23-34

Mattos B D, de Cademartori P H G, Missio A L, et al. 2015. Wood-polymer composites prepared by free radical in situ polymerization of methacrylate monomers into fast-growing pinewood. Wood Science and Technology, 49: 1281-1294

Meyer J A. 1965. Treatment of wood-polymer systems using catalyst-heat techniques. Forest Products Journal, 15(9): 362-364

Miettinen J K, Autio T, Siimes F E, et al. 1968. Mechanical properties of plastic-impregnated wood made from four Finnish wood species and methyl methacrylate or polyester by using irradiation. Valtion Tek. Tutkimuslaitos, Julk, 137: 1-58

Militz H, Beckers E P J, Homan W J. 1997. Modification of solid wood: research and practical potential[C]//Int. Res. Group on Wood Preservation, 28th Annual Meeting, Vancouver, Canada, Doc No. IRG/WP 97-40098

Miyagawa H, Mohanty A K, Burgueño R, et al. 2007. Novel biobased resins from blends of functional soybean oil and unsaturated polyester resin. Journal of Polymer Science Part B: Polymer Physics, 45: 698-704

Mustafa Y K, Munezoh T. 1999. Biological, mechanical, and thermal properties of compressed-wood polymer composites (CWPC) pretreated with boric acid. Wood and Fiber Science, 31(2): 151-163

Nakano T, Honma S, Matumoto A. 1990. Physical properties of chemically modified wood containing metal (Ⅰ): Effects of metals on dynamic mechanical properties of half-esterified wood. Mokuzai Gakkaishi, 36(12): 1063-1068

Nishiyama Y, Langan P, Sugiyama J, et al. 2002. Crystal structure and hydrogen-bonding system in cellulose I$_\alpha$ from synchrotron X-ray and neutron fiber diffraction.Journal of the American Chemical Society, 124(34): 9074-9082

Okasman K. 1996. Improved interaction between wood and synthetic polymers in wood/polymer composites. Wood Science and Technology, 30: 197-205

Petersen K, Nielsen P V, Olsen M B. 2001. Physical and mechanical properties of biobased materials, starch, polylactate and polyhydroxybutyrate. Starch-Stärke, 53(8): 356-361

Plackett D V, Dunningham E A, Singh A P. 1992. Weathering of chemically modified wood: accelerated weathering of acetylated radiata pine. Europe Journal Wood and Wood Product, 50: 135-140

Rai R, Keshavarz T, Roether J A, et al. 2011. Medium chain length polyhydroxyalkanoates, promising new biomedical materials for the future. Materials Science and Engineering: R: Reports, 72:29-47

Rgun B, Mustafa K Y, Mustafa A, et al. 2007. Some physical, biological, mechanical, and fire properties of wood polymer composite (WPC) pretreated with boric acid and borax mixture. Construction and Building Materials, 21(9): 1879-1885

Riedl B, Dubois J. 1997. Wood-polypropylene composites: a multi-laminated panel and a fiber-reinforced particleboard panel. In Fourth International Conference on Woodfiber-Plastic Composites (pp. 286-291). Forest Products Research Society Location Madison, WI.

Rowell R M, Ellis W D. 1978. Determination of dimensional stabilization of wood using the water-soak method. Wood and Fiber Science, 10(2): 104-111

Rowell R M, Ellis W D. 1979. Chemical modification of wood: reaction of methyl isocyanate with southern pine. Wood Science, 12(1): 52-58

Rowell R M, MEYER J A. 1982. Wood polymer composites: cell wall grafting with alkylene oxides and lumen treatments with methyl methacrylate. Wood Science, 15(2): 90-96

Rowell R M. 1982. Distribution of acetyl groups in southern pine reacted with acetic anhydride. Wood Science, 15: 178-182

Rowell R M. 2006. Acetylation of wood: journey from analytical technique to commercial reality. · Forest Products Journal, 56(9): 4-12

Rozman H D, Banks W B, Lawther J M L. 1994. Improvements of fiberboard properties through fiber activation and subsequent copolymerization with vinyl monomer. Applied Polymer Science, 54(2): 191-200

Rozman H D, Kumar R N, Abusamah A, et al. 1998. Rubberwood-polymer composites based on glycidyl methacrylate and diallyl phthalate. Journal of Applied Polymer Science, 67(7): 1221-1226

Schaudy R, Proksch E. 1982. Wood plastic combinations with high dimensional stability. Industrial & Engineering Chemistry Product Research & Development, 21(3): 369-375

Schaudy R, Wendrinsky J, Proksch E. 1982. Wood-plastic composites with high toughness and dimensional stability. Holzforschung, 36(4): 197-206

Schaudy R. Proksch E. 1981. Wood-plastic combinations with high dimensional stability. Oesterr. Forschungszent. Seibersdorf, Report No. 4113

Schneider M H, Brebner K I. 1985. Wood-polymer combinations: the chemical modification of wood by alkoxysilane coupling agents. Wood Science and Technology, 19(1): 67-73

Schneider M H, Phillips J G. 1991. Elasticity of wood and wood polymer composites in tension, compression and bending. Wood Science and Technology, 25: 361-364

Schneider M H, Tingley D A, Brebner K I. 1989. Toughness of polymer impregnated sugar maple at two moisture contents. Forest Products Journal, 39(6): 11-14

Schneider M H, Tingley D A, Brebner K I. 1990. Mechanical properties of polymer-impregnated sugar maple. Forest Products Journal, 40(1): 37-41

Schneider M H. 1994. Wood polymer composites. Wood and Fiber Science, 26(1): 142-151

Shen Jun, Zhao Lin-bo, Liu Yu. 2005. The sampling apparatus of volatile organic compounds for wood composites. Journal of Forestry Research, 16(2): 153-154

Siau J F, Campos G S, Meyer J A. 1975. Fire behavior of treated wood and wood-polymer composites. Wood Science, 8(1): 375-383

Siau J F, Meyer J A, Kulik R S. 1972. Fire-tube tests of wood-polymer composites. Forest Products Journal, 22(7): 31-36

Siau J F.1969. The swelling of basswood by vinyl monomers. Wood Science, 1(4): 250-253

Siau J F.1984. Transport processes in wood. SpringerVerlag, Berlin, Germany, 245

Singer K, Vinther A, Thomassen T. 1969. Some technological properties of wood-plastic materials. Danish Atomic Energy Commission Riso Report No. 211

Soh S K, Sundberg D C. 1982. Diffusion-controlled vinyl polymerization. I. The gel effect. Journal of Polymer Science: Polymer Chemistry Edition, 20(5): 1299-1313

Soundararaian S, Reddy B S R. 1991. Glycidyl methacrylate and N-vinyl-2-pyrrolidone copolymers: Synthesis, characterization, and reactivity ratios. Journal of Applied Polymer Science, 43: 251-258

Stamm A J. 1977. Dimensional stabilization of wood with furfuryl alcohol. Acs Symposium Series-american Chemical Society: 141-149

Sugiyama M, Norimoto M. 1996. Temperature dependence of dynamic viscoelasticities of chemically treated woods. Mokuzai Gakkaishi, 42(11): 1049-1056

Sugiyama M, Obataya E, Norimoto M. 1998. Viscoelastic properties of the matrix substance of chemically treated wood. Journal of Material Science, 33(14): 3505- 3510

Tran H C, White R H. 1992. Burning rate of solid wood measured in heat release rate calorimeter. Fire and Materials, 16(4): 197-206

Ueda M, Matsuda H, Matsumoto Y. 1992. Dimensional stabilization of wood by simultaneous oligoesterification and vinyl polymerization. Mokuzai Gakkaishi, 38(5): 458465

Ueda M, Matsuda H, Matsumoto Y. 1994. Chemical modification of wood by simultaneous oligoesterfication and vinyl polymerization under hot-pressing. Mokuzai Gakkaishi, 40 (7): 725-732

Weiss M, Haufe J, Carus M, et al. 2012. A review of the environmental impacts of biobased materials. Journal of Industrial Ecology, 16: 169-181

Witt A E. 1981. Acrylic wood in the United States. Radiation Physics and Chemistry, 18(1-2): 67-80

Yalinkilic M K, Imamura Y, Takahashi M, et al. 1999. Biological, mechanical, and thermal properties of compressed-wood polymer composite (CWPC) pretreated with boric acid. Wood and Fiber Science, 31(2): 151-163

Yamashina H, Kawakami H, Nakano T, et al. 1978. Effect of moisture content of wood on impregnation, polymerization and dimensional stability of wood-plastic composites. Journal Hokkaido Forest Product Research Institute, 316: 11-14

Yap M G S, Chia L H L, Teoh S H. 1990. Wood-polymer composites from tropical hardwoods I WPC properties. J. Wood Chemistry and Technology, 10(1): 1-19

Yap M G S, Que Y T, Chia L H L. 1991. FTIR characterization of tropical wood-polymer composites. Journal of Applied Polymer Science, (43): 2083-2090

Yildiz Ü C. 1994. Physical and mechanical properties of wood polymer composites prepared from fast growing wood species. P. h. D. Thesis, Karadeniz Technical University, Institute of Science, Trabzon, Turkey

Yildiz Ü C, Yildiz S, Gezer E D. 2005. Mechanical properties and decay resistance of wood-polymer composites prepared from fast growing species in Turkey. Bioresource Technology, 96(9): 1003-1011